现代艺术设计类"十二五"精品规划教材

家具设计

主　编　钱芳兵　刘　媛

副主编　李　硕　蒋　兰　单汝忠　陈　峰

中国水利水电出版社
www.waterpub.com.cn

内 容 提 要

本书从实践操作的角度出发，将全书分为理论、设计、欣赏、实践四大部分。首先系统介绍了家具设计的理论基础知识、家具设计中人体工程学知识、家具设计的造型设计知识、家具制作的材料与结构知识。在理论部分的基础上，以设计部分为重点，讲解了家具设计的思维和设计方法、设计的流程，以及家具设计模型制作的材料和工艺，并通过大量的实例讲解让抽象的知识更加形象具体。接着通过典型的设计案例分析，让读者进一步理解理论和设计部分的知识。在第8章和第9章，安排了国内外经典和现代优秀创意家具设计作品欣赏，以开拓视野，启发设计思维。最后通过典型的实训课题安排，使读者能够应用所学，独立动手设计。

本书从实用角度出发，重点培养学生的独立设计操作能力，可作为各类高校环艺设计、工业设计以及相关专业的教材公司，还可作为家具设计爱好者和相关从业人员的参考资料。

图书在版编目（ＣＩＰ）数据

家具设计 / 钱芳兵，刘媛主编. -- 北京 ：中国水利水电出版社，2012.8（2017.8重印）
现代艺术设计类"十二五"精品规划教材
ISBN 978-7-5084-9994-9

Ⅰ．①家… Ⅱ．①钱… ②刘… Ⅲ．①家具－设计－高等学校－教材 Ⅳ．①TS664.01

中国版本图书馆CIP数据核字(2012)第159382号

策划编辑：陈 洁　责任编辑：张玉玲　封面设计：李 佳

书　　名	现代艺术设计类"十二五"精品规划教材 **家具设计**
作　　者	主编　钱芳兵　刘 媛 副主编　李 硕 蒋 兰 单汝忠 陈 峰
出版发行	中国水利水电出版社 （北京市海淀区玉渊潭南路 1 号 D 座　100038） 网　址：www.waterpub.com.cn E-mail：mchannel@263.net（万水） 　　　　　 sales@waterpub.com.cn 电　话：（010）68367658（发行部）、82562819（万水）
经　　售	北京科水图书销售中心（零售） 电话：（010）88383994、63202643、68545874 全国各地新华书店和相关出版物销售网点
排　　版	北京万水电子信息有限公司
印　　刷	联城印刷（北京）有限公司
规　　格	210mm×285mm　16 开本　13.25 印张　358 千字
版　　次	2012 年 8 月第 1 版　2017 年 8 月第 6 次印刷
印　　数	13001—16000册
定　　价	48.00元

前言

  家具设计历史悠久，从古埃及坦哈蒙王座到库卡波罗设计的卡路赛利418椅，从商周时期家具的萌芽到明清家具的鼎盛时期，家具制作已有几千年历史，如今随着世界设计潮流的发展和影响，家具设计得到了巨大的发展，其已经不再是空间中的点缀，而越来越受到重视，人们已经意识到好的家具设计不仅能给人们带来使用的舒适性和精神上的愉悦感，更能渲染环境，提升建筑空间品质，起到画龙点睛的作用。

  本书信息量很大，按照家具设计学习与实践的脉络将复杂的理论进行系统安排，同时提供大量的实际案例与实践课题，注重设计的实践性。本书从家具设计理论开始讲解，根据理论指导设计；再通过典型的案例分析，让学生理解理论并懂得如何应用；接着在案例分析的基础上去欣赏国内外经典设计作品；最后结合实践课题，通过课题分析让学生能自己动手去设计。

  本书共分为10章，主要内容如下：

  第一部分为理论部分，包含第1章、第2章、第3章、第4章四个章节。

  第1章 介绍了家具设计的概念、家具的分类、家具与室内环境的关系、家具设计的发展历史和风格演变。

  第2章 讲解了家具设计中人体工程学的相关知识，包括家具设计与人体工程学的关系、人体尺度与家具设计的关系和应用、家具设计对人的心理因素的影响。

  第3章 讲解了家具设计中经常用到的材料及其加工工艺、家具主要的制作结构。

  第4章 讲解了家具设计中造型的理论和方法，并通过具体实例分析让读者加深理解。

  第二部分为设计部分，包含第5章、第6章、第7章三个章节。

  第5章 讲解了家具设计的创意思维方法和具体的设计程序，并且分别安排实例分析对理论进行图解与说明，使读者加深理解。

  第6章 讲解了家具设计中模型制作的常用材料与工艺，并通过具体实例分析图解模型制作中用到的材料、制作的过程和方法，解决设计人员制作家具模型的疑难问题，并能动手操作，具有很强的实践操作性。

  第7章 在前几个章节的基础上，进一步安排了两个有代表性的设计案例展开分析。

  第三部分为欣赏部分，包含第8章和第9章两个章节。

  第8章 主要介绍我国优秀的设计作品，其中搜集了很多中国历史上的经典家具设计作品和现代的优秀创意设计作品。

  第9章 主要介绍国外优秀的设计作品，其中搜集了很多国外的经典家具设计作品和现代的优秀创意设计作品。

  第四部分为实践部分，包含第10章。

第10章 安排了5个有针对性的设计实践课题，通过相关设计作品的举例、课题的介绍和具体分析，以及具体设计步骤的提示，让读者可以自己独立思考，并能够动手展开设计。

本书由钱芳兵任主编（负责全书统稿工作），李硕、蒋兰、单汝忠、陈峰任副主编，穆存远、刘闻名、姜楠、金长明、吕明、尹金海、陈帅佐、张娜等参与部分编写工作。第2章的1、2、3节及第5章、第6章、第7章、第10章由钱芳兵编写，第8、9章部分图片由钱芳兵提供和整理；第1章、第2章的4、5节及第3章、第4章、第8章、第9章由李硕编写，第6章、第8章、第9章、第10章中的部分珍贵图片资料由蒋兰、单汝忠、姜楠提供。

虽然作者多年来一直从事家具设计课程的教学，但由于家具设计随时代不断发展，加之作者水平所限，书中难免有疏漏和错误之处，敬请广大读者批评指正。

编者
2012 年 7 月

目录

前言

第一部分　理论部分

第二部分 设计部分

第三部分　欣赏部分

第四部分　实践部分

1 理论部分

第1章 家具概述

　　家具作为一种空间造型艺术，是技术、科学、艺术和生活相结合的完美结合体，它从人类一出现，就一直伴随着人类，并随人类的进化而发展，是人类生活必不可少的生活器具，是人类文明和智慧的结晶。作为社会物质文化的一部分，它是一个国家经济和文化发展的产物，反映着一个国家、一个民族的历史特点和文化传统。它以其独特的功能贯穿于现代生活的方方面面，与人们的衣食住行以及社会的发展、科技、文明的进步都息息相关。"家具"一词，英文为 furniture、furnishing，来自于法文 fourniture 和拉丁文 mobilis，即家具、设备、可移动的装置、陈设品、服饰品等含义。从字意上来看，家具就是家庭用的器具；有的地方也叫家私，即家用杂物。确切地说，家具有广义和狭义之分。广义的家具是指人类维持正常生活、从事生产实践和开展社会活动必不可少的一类器具。狭义的家具是指在生活、工作或社会实践中供人们坐、卧或支承与贮存物品的一类器具和设备。据社会学专家统计，社会成员在家具上接触的时间占人一生的三分之二以上，日常生活中的家具不但需要满足人们坐、卧、张设、承置和贮藏这些特定用途，而且通过家具设计方式，还要满足人们在使用过程中诸如舒适、审美等精神方面的需求，家具俨然成为人们生活环境的一个重要组成部分，是人与自然环境之间的一个过渡。

　　家具既是物质产品，又是艺术创作，这便是人们常说的家具的二重特点。设计对人类的影响是巨大的，它改善了人们的生活，改变了人们的生活环境，提高了人们的生活质量。同样，作为人类经常接触的"物品"——家具，它的设计也具有非常重要的意义。家具设计是运用多种设计方法和形象思维来创造物的科学行为，是一门集艺术性和技术性为一身，以理性的逻辑思维和艺术的意蕴内涵来为人类创造崭新的生活方式和文化观念的科学。家具设计概念在当代已经被赋予了最宽泛的现代定义。现代家具的设计几乎涵盖了所有的环境产品、城市设施、家庭空间、公共空间和工业产品。当今，家具设计艺术无论作为一种社会文化现象还是美学现象，都已成为人类文化不可缺少的一部分。家具的设计和制造与人类生活息息相关，家具造型艺术不仅是一种情感美的表现形式，还包含着功能的、科学的、技术的、经济的等因素的丰富内容，是一种非常复杂的体系。

　　中国家具的发展经历了几千年的历史，家具的艺术风格也随着生活起居方式和时代特征的变化而不断发生着变化。家具从木器时代演变到金属时代、塑料时代、生态时代，从建筑到环境，从室内到室外，从家庭到城市，其目的都是为了满足人们不断变化的需求，创造更美好、舒适、健康的生活、工作、娱乐和休闲方式。家具是反映一个时代人类社会政治、经济、文化的晴雨表，人类社会和生活方式在不断地变革，新的家具形态将不断产生，家具设计的创造是具有无限生命力的，家具设计的内涵是永无止境的。

1.1　家具的分类

由于家具的种类很多，使用的范围很广，既有民用家具，又有机关团体、公共场所等环境使用的家具，为了能够在设计生产过程中贯彻和实施标准，为了生产和销售家具的企业能够在家具分类及家具产品名称方面有一个指导，根据目前家具市场情况，结合家具行业的特点，参照相关标准，对家具按照产品的主要使用材料、使用功能、加工工艺等方面进行分类。

1.1.1　家具按基本功能分类

（1）支承类家具：指供人们用来直接支承人体的家具。

（2）凭倚类家具：指供人们凭依、伏案工作时使用的家具。

（3）贮藏类家具：指贮存物品的家具，如书柜、支架等。

（4）装饰类家具：指存放装饰品的开敞式柜类或隔断类家具。

如图 1-1 所示是按照功能进行分类的家具类型，左上图支承类家具包含诸如床、榻、凳、椅、沙发等坐卧类家具，右上图凭倚类家具包含桌子、讲台等与人体直接接触的家具，左下图储藏类家具包含柜类、支架类供收藏物品使用的家具，右下图代表隔断一类起到装饰作用的家具。

图 1-1　按照功能进行分类的家具类型

1.1.2 家具按使用场所分类

（1）卧房家具：卧室环境中使用的家具。

（2）客厅家具：家庭环境中起居室的家具。

（3）餐厅家具：餐厅环境中使用的家具。

（4）卫浴家具：卫浴环境中使用的家具。

（5）厨房家具：厨房环境中使用的家具。

（6）书房家具：书房环境中使用的家具。

　　如图 1-2 所示是按照使用场所进行分类的家具类型中家居使用环境下的家具，上左图卧房家具主要包括床、床垫、衣柜、梳妆台、床头柜，以及床上用品等；上中图客厅家具主要包括沙发、茶几、边桌（柜）等；上右图餐厅家具主要包括餐桌、餐椅、餐边柜等；下左图卫浴家具主要包括卫浴柜、镜柜等；下中图厨房家具主要指橱柜；下右图书房家具主要包括书柜、架、书桌等。

图 1-2　按照家居使用环境进行分类的家具类型

　　（7）户外家具：主要指用于室外或半室外的供公共性活动使用的家具。如图 1-3 所示的户外家具类型，包含阳台使用的露天休闲家具和公共环境中使用的公共设施类家具。

图 1-3　户外环境使用的家具

　　（8）办公室、医院、酒店、学校等的家具：是在办公室、医院、酒店、学校等特殊环境下使用的针对该环境特点的家具类型，如图 1-4 所示为办公空间使用的家具，图 1-5 所示是医院环境使用的家具。

图 1-4　办公环境家具

图 1-5　医院环境使用的输液椅

1.1.3　家具按结构分类

（1）框式家具：以榫槽结合的框架为主体的不可拆家具。

（2）板式家具：以人造板为主体结构的家具。

（3）拆装式家具：各部件通过部件工艺结构或金属连接件结合，可多次拆装的家具。

（4）折叠式家具：可以通过收展或者叠摞来改变形状或节约收纳空间的家具，如图 1-6 所示，左图是可通过收展改变形态的折式家具，右图是可以通过叠摞便于收纳的叠式家具。

图 1-6　折叠式家具

（5）充气式家具：是用柔性不透气材料制作的家具，通过充气与放气来方便地使用和收纳，如图 1-7 所示是米兰家具展上的充气家具。

1.1.4　家具按材料分类

（1）人造板家具：家具的主体部件全部经表面装饰的人造板材、胶合板、刨花板、细木工板、中密度纤维板等制成，也称板式家具，人造板家具是当今市场家具的主流，且多数为拆装结构，如图 1-8 所示是米兰家具展上的人造板椅子。

（2）实木家具：家具的主体全部由木材制成，只少量配用一些胶合板等辅料，实木家具一般都为榫眼结构，即固定结构。实木家具的另一大类是硬木家具，也叫中式家具，按照我国明清家具传统款式和特定的榫眼结构制作，是一种艺术性很强的家具。

图 1-7 充气家具

（3）金属家具：以金属管材、板材或棍材等作为主架构，配以其他材料制成的家具和完全由金属材料制作的铁艺家具，统称金属家具。金属家具极具个性风采，色彩选择丰富，门类品种多样，通过冲压、锻、模压、弯曲、焊接等加工工艺可获得各种造型，颇具美学价值，如图 1-9 所示是荷兰设计师 Richard Hutten 设计的 "云椅"，整体采用铝合金制作，光可鉴人。

图 1-8 人造板家具

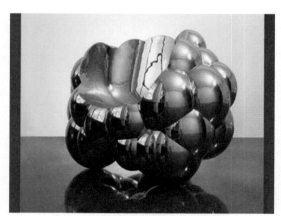

图 1-9 金属家具

（4）玻璃家具：主材为玻璃的家具，如图 1-10 所示是意大利创意公司所设计的玻璃家具。

图 1-10 玻璃家具

（5）塑料家具：主材为高分子材料的各种家具。

（6）竹藤家具：是以天然材料——竹材或藤蔓类材料制作的家具的统称，这类材料通常通过编织结构来实现，如图 1-11 所示为藤制家具。

（7）石制家具：主材为天然或人造石的家具。

（8）软体家具：软体家具主要指的是以海绵、织物为填充主体成型的家具。如图 1-12 所示的软体家具，最大魅力是非常松软舒适，让人身在其中，感觉像被温柔地环抱住一般。

图 1-11　藤制家具

图 1-12　软体家具

1.1.5　家具按放置形式分类

（1）自由式家具：主要指有脚轮和无脚轮的可以任意交换位置的家具，如图 1-13 所示。

（2）嵌固式家具：固定或嵌入建筑物内的家具，一旦固定就不再变换位置。

（3）悬挂式家具：是根据使用功能的需要，利用一定的金属构件把家具悬挂在墙壁或隔板上，悬挂家具可以充分利用空间，如图 1-14 所示的悬挂式家具。

图 1-13　自由式家具

图 1-14　悬挂式家具

1.1.6　家具按组成形式分类

（1）成套家具：按照使用功能配套齐备并与生活环境和谐统一，成套家具的外形、款式、大小、颜色、质地等方面与周围环境相互结合，互为衬托，从而适当地定出配套数量、类型、结构和布局。作为成套家具，在其不同使用功能上必然包括若干种、若干件，构造千变万化，外形差别很大，因此必须在变化中求统一，在差异中求一致，使不同功能的家具融合为一体，让人们生活在这样的环境里感到和谐悦目、轻松愉快。

（2）组合家具：根据使用需要，把几种由标准件组装的单件家具互相排列或堆叠而成为一个整体的家具叫做组合家具，单体的件数和规格越多则变化越大。如图1-15所示的这款"组插家具"，它由两只可单独使用的椅子组成，一旦组合在一起则又可以当作案桌使用，创意简单但却非常实用。组合家具单件体积小、重量轻、搬运方便，并且有多种使用功能。组合家具可以根据使用功能和外形排列、堆叠的变化设计成各种类型。每个单体的金属构件可统一生产，有利于实现连续化和机械化生产，构成组合金属家具的单体在尺度上必须符合一定的模数关系，外形、颜色也要统一。

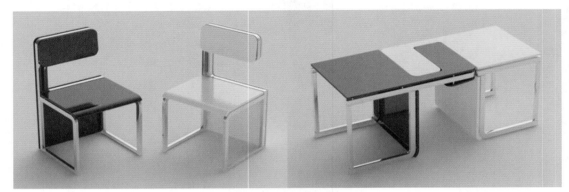

图1-15　组合家具

（3）多用家具：是指对家具上某些部件的位置稍加调整就能变换用途的家具，多用家具主要是能够一物多用，一件家具可作多种不同的角途，付出一件家具的代价就可得到多种应用，经济实惠，同时它的使用功能和对居住面积的利用也有较大的优越性，如图1-16所示的沙发椅的变换用途使用。

图1-16　多用椅

1.2　家具与环境

家具在室内外空间中占有很大比例，对环境效果起着重要的影响作用。一个完整且配套的家具设计往往是从环境空间的特定形式开始入手，考虑与环境空间形式的紧密联系，并能巧妙合理地利用特定空间来达到家具与环境的有机结合。

1.2.1　家具在空间中的作用

1．家具是充分利用和组织空间的有效手段

家具是空间性质最直接的表达者，家具的组织和布置是对空间组织、使用的再创造。良好的家具设计及其布置形式能充分反映出使用的目的、等级及使用者的喜好、地位，从而赋予空间环境一定的品格，家具设计就是在限定的空间中，以人为本，去合理组织安排室内空间的设计。在建筑室内空间中，人从事的工作、生活方式是多样的，由于不同的家具组合，可以组成不同的空间。随着信息时代的到来，智能化建筑的出现，现代家具设计师对不同建筑空间概念的研究将会不断创造出新的家具、新的设计时空。如图 1-17 所示，这间面积仅为 23 平米的精致小户型，经过一位法国设计师的打造，充分利用家具对环境空间进行组织布局，使得各种生活区域俱全，室内的 U 型推拉书架，书架后面藏有床和桌椅，如果想睡觉，可以将书架拉过去，将桌椅部分隐藏起来。家具的充分利用和组织，配合巧妙的灯光系统，让您根本看不出这间屋子的实际面积大小。

图 1-17　法国设计师打造的 23 平米空间的家具

2．家具是分隔空间的有效手段

家具常常成为分隔空间的一种手段，既可提高空间的使用效率、丰富空间层次、提升空间的趣味性，又可减轻自重，而且方便灵活，能适应不同的功能需求。在现代建筑中，由于框架结构的建筑越来越普及，建筑的内部空间越来越大、越来越通透，无论是现代的大空间办公室、公共建筑，还是家庭居住空间，墙的空间隔断作用越来越多地被隔断家具所替代，家具取代墙在建筑室内分隔空间，特别是在室内空间造型上大大提高了室内空间的灵活利用率，同时丰富了建筑室内空间的造型。

如图 1-18 所示，中式家居环境中利用博古架代替墙面分割客厅与餐厅的空间，既满足了使用的功能，又增加了使用的面积。如图 1-19 所示，较大空间的办公室，通过办公家具有效地进行空间分隔，组成互不干扰又互相连通的具有写字、电脑操作、文件贮藏、信息传递等多功能的办公单元。

图 1-18　利用博古柜分割客厅与餐厅的空间　　　　图 1-19　利用办公家具分隔办公空间

3．家具是展现空间品位的有效手段

家具陈设的好坏与空间的划分、陈设的布置是密不可分的，它直接影响到使用者品位的展现。随着生活品位意识的提高，人们对环境空间有各自的看法，简约空间与舒适空间逐渐被认同。因为人们的生活越来越精致，居室的规划既可以随着心情的不同而展现出丰富的神韵和机能性，又可以很好地展现出主人的兴趣、个性和修养等。因此，展现品位在这个环节上就显得尤为重要。

4．家具是调节空间气氛的有效手段

家具之所以是空间中非常重要的组成部分，是因为空间内环境首先由家具定下主调，然后辅之以其他的陈设品，构成一个完美的环境。室内空间的气氛和意境是由多种因素形成的，在这些因素中，家具有着不可忽视的作用。如图1-20所示，家具体型轻巧、外形圆滑，能给人以轻松、自由、活泼的感觉，可以形成一种悠闲自得的气氛。如图1-21所示，家具是用珍贵木材和高级面料制作的，带有雕花图案或艳丽花色，能给人以高贵、典雅、华丽、富有新意的印象。如图1-22所示为竹材家具，是用具有地方特色的材料和工艺制作的，能反映地方特色和民族风格，给室内空间创造一种乡土气息和地方特色，使室内气氛质朴、自然、清新、秀雅。

图1-20　家具调节空间轻松、自由的气氛

图1-21　家具调节空间高贵、典雅的气氛

图1-22　家具调节空间自然、清新的气氛

1.2.2　家具风格与环境

"风格"（style）一词在当代西方文化语境里被定义为"表现或创作所采用的或应当采取的独特而可辨认的方式"，由这个定义可以看出"风格"的适用范围非常广泛。现在所讲的"风格"一词主要用来指称各门艺术类别中艺术作品的整体特色。在对环境的要求越来越高的现阶段社会中，生活环境要求以人为本，充分考虑人的心理、生理需求，使人生活在一个安全、舒适、和谐及高品位、多层次、高质量的环境中。要使环境设计更加完美，就要在环境设计过程中充分考虑到家具的合理选择，要与环境设计风格相符合，并要符合人们的心理和生理需求。只有使装修设计与家具的配置相和谐，才能

使生活环境达到一定的技术和艺术的高品质。

1. 家具风格的选择是营造环境的基础

与建筑空间有着密切关系的生活环境中，家具的种类与风格是反映环境功能空间的显著标志，它受空间环境的制约，又对空间环境提出不同的要求。不同的文化背景会产生不同的兴趣、爱好和不同的艺术取向和审美观，因而也会对空间环境的设计产生决定性影响。如图 1-23 所示，若喜欢传统文化背景的空间环境，那么所用的装饰材料就以木质材料为主，则用古典中式家具进行布置；如图 1-24 所示，若是时尚一族，所用装饰材料就以塑料、金属等现代材料为主，则用现代简洁家具进行布置，体现现代的家具设计风格。

图 1-23　古典中式风格家具

图 1-24　现代简约风格家具

2. 家具风格同环境的相互统一

环境的风格应与家具风格匹配，各民族环境风格不同，也有各自风格的家具，中国传统的环境设计深受儒家哲学、礼仪思想的影响，几乎渗透到生活空间的每一处。家具风格则充分体现了社会的伦理价值观念和等级观念，如宫殿是庄严肃穆、金碧辉煌的，百姓人家是淳朴自然、不事雕琢的，家具的布置讲究方整、规则、对称，形成与社会等级相符的特定的环境气氛。同样，在时尚的咖啡店里我们可以感受到悠闲随意的气氛、缓缓流动的调子，那里的桌子椅子是自然的、懒洋洋的；在高雅的西餐厅，桌椅的造型是体面的、优雅的，一切都布置得有条不紊；而在豪华的贵宾套房里，无论是柜子还是床和沙发都是高贵大方的，很有体量感。这都充分说明了家具风格和环境必须匹配才能营造出统一和谐的环境氛围，如图 1-25 所示体现了与环境相互统一的现代装饰风格的家具。

图 1-25　与环境相互统一的现代装饰风格的家具

3.家具风格同环境的相互制约

家具风格同环境的相互制约，一方面体现在环境设计对家具的制约，空间大小已由外部建筑环境决定，并不是每个界面都可以根据环境设计随意更改，因此制约了家具的选择。环境空间的设计应充分考虑空间大小，选择及布置家具。如图1-26所示，较小的空间环境为得到充分的空间利用，应以选用小型的简约风格家具为佳，降低色调，流露悠闲随意的气氛，否则会使原本不大的空间显得更沉闷、压抑；如图1-27所示，豪华的别墅环境里，任何家具都要体现高贵大方，突出体量感，欧式风格家具无疑是最佳的选择，家具尺度相应增大，以削弱大空间给人们带来的空旷感。环境设计应体现一个空间环境的特定使用功能，家具必须根据这个空间的功能来选择，有助于环境功能的实现。

图1-26　制约家具风格的小环境

图1-27　制约家具风格的大环境

家具风格同环境的相互制约，另一方面体现在家具对环境设计的制约，现代家具趋向于批量化生产，家具设计者只是设计出某一风格、系列的家具，无法具体考虑到某一环境的需要；而环境设计相对是个体行为，因此在进行设计时必然要考虑到如何与现有的家具相结合，最大限度地体现设计者的思想及雇主的个性需求。选择家具时应该着眼于整体环境，需要把家具当作整体环境的一部分。

家具风格是不同时代思潮和地域特质透过创造的构想和表现，逐渐发展成为代表性家具形式，它与建筑及室内装饰风格之间有着不可分割的联系，有着一脉相承的血缘关系。一种家具风格形成的原因是多方面的、综合的，与当时、当地的自然和人文条件息息相关。有物质方面的原因，即家具赖以构成的材料、工艺技术、生产方法等原因；有精神方面的原因，即家具造型的地方性和民族性，如地方传统文化的影响和民族审美爱好、风俗习惯的不同等；还有地理气候和设计者的修养等多方面的影响，都是形成家具风格的因素。其中尤其与民族特性、社会制度、生活方式、宗教信仰等因素的关系更为密切。同时各种不同文明的相互影响亦会促使某种定型风格产生相当程度的变化，进而演变成为另一种新的风格。一个成熟的家具风格往往具备独特性，就是它有与众不同、一目了然的鲜明特色；具有一致性，就是它的特色贯穿于它的整体和局部，直至细枝末节，很少有格格不入的部分；具有稳定性，就是它的特色不只是表现在几件家具上，而是表现在一个时期内不同类和型的一批家具上，形成一个完整的式样风格。

1.3　家具的风格流派

家具经过几千年的历史变迁，发展到今天，在材料、结构、工艺、造型设计等方面都取得了惊人的进步，家具是特定时期社会经济、文化艺术的集中反映。不同历史时期的生活方式对家具风格的形成与发展有着重要的影响，在满足人们的物质生活和精神生活方面发挥着极其重要的作用，已经成为人们生活、学习、工作中必不可少的器具，几千年的中西方传统文化解析出家具历史风格的演变，诠释出社会因素对家具风格形成与发展的影响。

1.3.1　中国传统家具的风格演变

中华民族是一个古老的民族，有着悠久的历史和文化，历史上中国古代先民们创造了灿烂的物质文明和精神文明。其中古代家具艺术取得了卓越的成就，成为世界设计艺术史上一颗璀璨的明珠。中国家具的产生可上溯到新石器时代。自有人类以来，除了吃、穿、住，家具是人们最先考虑的生活用品之一。在中国，家具的发展更是经历了一个从商周时代开始，并且时至今日还在不断发展的漫长的历史时期。它依不同时期和人们不同的生活起居方式而形成了各异的风格和样式。

矮型风格家具时期

1. 商周时期（公元前 17 世纪至公元前 771 年）

人类远在使用石器工具的年代里，就会使用自然石块堆成原始家具的雏形。从历史文献可知，我国早在殷商以前就已经发明了家具。商朝是我国青铜工艺发达的极盛时期。当时将铜锡合金制成兵器、礼器、生产工具、生活用具和工艺品等，其中很多用具已具有木器家具的雏形。家具的发展，同人们的起居方式有直接的联系。古代人们的起居方式为席地而坐，各种家具的功能、造型和尺寸都和当时人们的起居方式相匹配。商、周两代铜器里的一些器具具有几案家具的基本形象，说明在奴隶社会已有现代家具的雏形出现。在当时的日常生活中，祭祀活动占有至高无上的地位，把风调雨顺、五谷丰登寄托于上天的佑护，礼器成为这一时期最重要的器物，其中也有一部分器物可视为早期的家具，起到置物、储存等作用。如图 1-28 所示的"俎（zǔ）"，就是一种专门用来屠宰牲畜的案，并把宰杀完的祭品放在上面，是古代桌案之始。如图 1-29 所示的"禁"，是商周时期放酒器的台子，造型浑厚，纹饰多为恐怖的饕餮纹，是古代箱柜之始。

图 1-28　俎

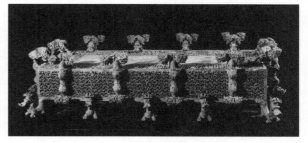

图 1-29　禁

2. 春秋战国、秦时期（公元前 770 至公元前 221 年）

春秋时期，奴隶社会走向崩溃，整个社会向封建社会过渡，到战国时期生产力水平大为提高，人们的生存环境也相应地得到改善，与前代相比，家具的制造水平有很大提高。春秋战国时期，人们的起居方式主要是席地而坐，如图 1-30 所示，这一时期制作的家具主要以低矮家具为主，家具主要以几、案等为主。春秋战国时期已出现了比较成熟的髹（xiū，指把漆涂在器物上）漆技术，一则为了美观，显示使用者的身份和地位，二则是对木材起保护作用，如图1-31所示是湖南长沙战国墓出土的髹漆食案，可以看到丰富的红地黑花的纹饰，可以看到工匠们已能比较熟练地在表面进行髹漆和彩绘。床的出现，使人类的生活水平向前迈进了一大步，如图1-32所示，从河南信阳出土的战国漆绘彩大床，反映了这一时期土木营建和木结构家具的加工技术有了进一步的发展。

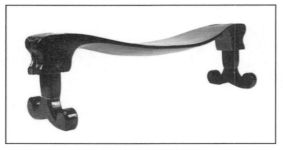

图1-30　战国时期的凭几

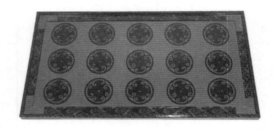

图1-31　髹漆食案

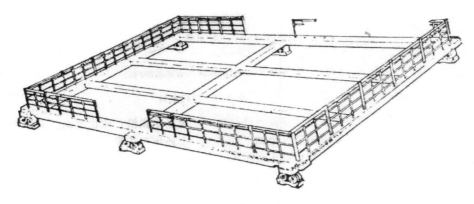

图1-32　战国漆绘彩大床

3．两汉、三国时期（公元前206~公元前280年）

到了汉代人们仍然是席地而坐，室内生活以床、榻为中心，床的功能不仅供睡眠之用，就餐、交谈等活动也都在床上进行，大量的汉代画像砖、画像石都体现了这样的场景。这一时期家具的主要特点是大多数家具均较低矮，开始出现由低矮型向高型演变的端倪，制作家具的材料较为广泛，家具成为显示身份、财富的标志。几在汉代是等级制度的象征，皇帝用玉几，公侯用木几或竹几，几置于床前，如图1-33所示是甘肃武威县磨嘴子汉墓出土的汉代木几，在生活、起居中起着重要作用。案的使用也很普遍，上至天子，下至百姓，都用案作为饮食用桌，如图1-34所示，漆案是典型的汉代食案，案足很矮，似托盘，案边有拦水线。

图1-33　汉代木几

图1-34　汉代漆食案

汉代的漆家具在此时达到了兴盛的高峰。装饰图案向着程式化、图案化发展。彩绘的漆家具，色彩艳丽，黑、红两种颜色本已强烈夺目，有的还加上金银片装饰，更是华丽无比，体现出兴旺繁盛的汉代国风，如图 1-35 所示是扬州出土的汉代彩绘屏风，图案优美，展现了汉代漆工艺的高超艺术水平。随着对西域各国的频繁交流，打破了国与国间相对隔绝的状态。但从总体上来说，低矮家具仍占主导地位。

由矮向高过渡型风格家具

4. 两晋、南北朝（公元 256 ~ 589 年）

魏晋、南北朝时期在中国古典家具发展史上起着承上启下的作用，上承秦汉，下启隋唐。渐高型家具显露端倪，然而低矮型家具仍占主导地位，家具装饰风格婉雅秀丽。这个时期，北方和西方民族的内迁和佛教的普及都对家具的发展产生了重大影响。中国建筑从此时开始发生最显著的变化，首先在于起居方式及室内空间方面，即从汉以前席地跪坐，空间相应较为低矮，逐渐改为西域"胡俗"的垂足而坐，汉代开始出现的胡床在这一时期开始逐渐普及民间，如图 1-36 所示，胡床是一种形如马扎的坐具，以后发展成可折叠马扎、交椅等，胡床的出现使得部分地区出现了渐高家具，高足式家具兴起，室内空间也随之增高。这一趋势从魏晋南北朝开始，对以后的影响越来越大。佛教在这一时期渐趋普及，也对家具产生了一定影响。

图 1-35 汉代彩绘屏风

图 1-36 胡床

5. 隋唐、五代时期（公元 589 ~ 960 年）

唐代之前的家具主要以低矮为主，表 1-1 总结了唐代以前的家具种类。由于唐代是由席地坐向垂足坐的转变过渡时期，所以唐代为高型与矮型家具的共处阶段。唐末是中国家具形式由过渡至形成的重要时期，之后垂足而坐成为人们起居的主要形式和习惯。这个时期高型家具形成，我国家具发展到唐末与五代之间，高型家具在品种和类型方面已基本齐全，家具阵容初具规模，这为后来家具的发展奠定了良好的基础。唐代家具在造型上独树一帜，大都宽大厚重，显得浑圆丰满，具有博大的气势和稳定的感觉。如图 1-37 所示为唐新兴的月牙凳，其浑圆、丰满的造型和富有华美的装饰与唐代贵族妇女的体态丰满协调一致，成为独特的唐代风格。此时的家具工艺技术变化主要体现在木结构方式的变化、家具制作材料的选择以及复杂的工艺过程上。同时，唐代漆工艺品类繁多、技艺高超，并有许多新的创造和革新。

表 1-1　唐代前家具种类列表

年代	家具种类
春秋战国	禁、俎、几、案、床、屏风、箱、架
秦汉	俎、几、案、床、枰、榻、席、屏风、柜、厨、架
魏晋南北朝	几、屏风、隐囊、胡床、筌蹄、椅、凳、案、床、榻、席、屏风

高型风格家具确立时期

6．两宋、元时期（公元 960 ～ 1368 年）

宋代是中国家具承前启后的重要发展时期。首先是垂足而坐的椅、凳等高脚坐具已普及民间，结束了几千年来席地而坐的习俗，其次是家具结构确立了以框架结构为基本形式，其三是家具在室内的布置有了一定的格局。宋代家具正是在继承和探索中逐渐形成了自己的风格。宋代家具以造型淳朴纤秀、结构合理精细为主要特征。在结构上，壶门结构已被框架结构所代替。此外，宋代家具还重视外形尺寸和结构与人体的关系，工艺严谨，造型优美，使用方便。家具种类有交椅、高几、琴桌、炕桌、盆架、带抽屉的桌子、镜台等，各类家具还派生出不同款式。如图 1-38 所示，宋代出现了中国最早的组合家具，称为燕几。元代是我国蒙古族建立的封建政权，由于蒙古族体形硕大，崇尚武力，追求豪华的享受，反映在家具造型上，是形体厚重粗大，雕饰繁褥华丽，具有雄伟、豪放、华美的艺术风格，而且风格迥异。

图 1-37　唐朝宫凳，也称"腰圆凳"、"月牙凳"

图 1-38　中国最早的组合家具——燕几

明式风格家具

7．明代（公元 1368 ～ 1644 年）

明式家具是在宋代、元代家具的基础上发展起来的，并在工艺、造型、材料、结构上都有重大的突破，一直被誉为我国古代家具史上的高峰，是中国家具民族形式的典范和代表。明式家具是中国古代家具艺术发展的高峰期，也是在历史积淀基础上产生的一种文化艺术，明式家具典雅秀丽、简洁明快、精纯古朴、浑厚精巧，以其独特的艺术风格和特色在世界家具历史上自成体系、独树一帜，成为世界家具发展史上一个难以逾越的高峰。明代家具在继承宋代家具传统的基础上，发扬光大，推陈出新，不仅种类齐全，款式繁多，而且用材考究，造型朴实大方，制作严谨准确，结构合理规范，浸润了明代文人追求古朴雅致的审美趣味，把中国古代家具推向了顶峰时期。

明式家具品类齐全，按使用功能大致可分为六大类：一、坐卧类，有凳、墩、椅等，如图 1-39 所示紫檀南官帽椅是明式家具中椅类的代表；二、承具类，有几、桌、案等，如图 1-40 所示黄花梨云头牙子炕桌和图 1-41 所示红漆嵌珐琅面梅花式香几是明式家具中几案类的代表；三、卧具类，有床、榻等；四、皮具类，有盒、匣、奁、箱、柜、橱等，如图 1-42 所示黄花梨变体圆角柜是明式家具柜类的代表；五、架具类，有盆架、镜架、衣架等；六、屏具类，有砚屏、炕屏等。

图 1-39　紫檀南官帽椅

图 1-40　黄花梨云头牙子炕桌

图 1-41　红漆嵌珐琅面梅花式香几

图 1-42　黄花梨变体圆角柜

明式家具制作工艺精细合理，全部以精密巧妙的榫卯结合部件，大平板则以攒边方法嵌入边框槽内，坚实牢固，能适应冷热干湿变化。高低宽狭的比例或以实用美观为出发点，或有助于纠正不合礼仪的身姿坐态。装饰以素面为主，局部饰以小面积漆雕或透雕，以繁衬简，朴素而不俭，精美而不繁缛。通体轮廓及装饰部件的轮廓讲求方中有圆、圆中有方及用线的一气贯通而又有小的曲折变化。家具线条雄劲而流利。家具整体的长、宽和高，整体与局部，局部与局部的权衡比例都非常适宜。明代家具的风格特点，概括起来可用造型简练、结构严谨、装饰适度、纹理优美四句话予以总结，以上四句话，也可以说是四个特点，不是孤立存在的，而是相互联系、共同构成了明代家具的风格特征。

清式风格家具

8. 清代（公元 1644 ～ 1911 年）

清朝经历了近 300 年的历史，家具由继承、演变到发展，在形制、材料、工艺手段等多个方面形成了其独特之处。清朝中前期的家具继承了明代家具的艺术风格，一般归为明式家具范畴，清代中叶以后，清式家具的风格逐渐明晰。西方文化的不断影响，使清代家具表现出一种体量庞大、繁复奇巧的艺术风格。在融合巴洛克家具豪华奔放的造型、雕琢细腻而又夸张的形式、浪漫华丽的装饰风采上大胆创新，脱离了宋、明以来家具秀丽实用的淳朴气质，变肃穆为流畅，化简素为雍贵。清式家具在造型上与明式家具的风格截然不同，首先表现在造型厚重上，家具的总体尺寸比明式家具要宽、要大，与此相应，局面尺寸、部件用料也随之加大。如图 1-43 所示，红木雕花椅、靠背、牙条、腿步等协调一致，造成非常稳定、浑厚的气势，是清式家具的典型代表。清式家具在结构上承袭了明式家具的榫卯结构，充分发挥了插销挂榫的特点，技艺精良，一丝不苟。凡镶嵌方面的桌、椅、屏风，在石与木的交接或转角处都是严丝合缝，无修补痕迹，平平整整地融为一体。清代家具的这种造型气质、雕饰的浩繁精丽、形体的庞大和大富大贵的作风与统治者的权势和欲望相得益彰。乾隆后期家具的工艺技术达到了顶峰，清式家具喜于装饰，颇为华丽，充分应用了雕、嵌、描、堆等工艺手段，如图 1-44 所示，这件清中期的拔步床是用榉木所制，攒以海棠花围，是拔步床中的精品，由于拔步床的特殊构造，使它很像是一张架子床被安放在了一个平台上。进平台数尺，便可到达床前。这件拔步床没有其他床的封闭、压抑感，原因大约就是在于它四周的透雕上，雕与嵌是清式家具装饰的主要方法。

图 1-43　红木雕花椅一对

图 1-44　榉木攒海棠花围拔步床

清代家具有其自身显著的风格特点：

（1）品种丰富、式样多变、追求奇巧。清式家具有很多前代们没有的品种和样式，造型更是变幻无穷。以常见的清式扶手椅为例，在其基本结构的基础上，工匠们就造出了数不清的式样变体。即便是每一单件家具的设计也十分注重造型的变化。如故宫漱芳斋的五具成套多宝阁，其一字挑开，靠墙排放，与房间浑然一体，错落有致地分割成一百多个矩形隔层，每隔层虽是"拐子"图案却互不雷同，从侧面看，每个隔层的侧山上是不同图形的开光，如海棠形、扇面形、如意形、磬形、蕉叶形等，不一而足。清式家具在形式上还常见仿竹、仿藤、仿青铜，甚至仿假山石的木制家具。反过来，也有竹制、藤制、石制的仿木质家具。结构上，清式家具也往往是匠心独运、妙趣横生，如有些小巧玲珑的百宝箱，箱中有盒，盒中有匣，匣中有屉，屉藏暗仓，隐约曲折。抽屉和柜门的关闭亦有诀窍，非仔细观察而不得其解。

（2）选材讲究，做工细致。在选材上，清式家具推崇色泽深、质地密、纹理细的珍贵硬木，以紫檀木为首选。在结构制作上，为保证外观色泽纹理一致，也为了坚固牢靠，往往采取一木连作，而不用小木拼接。

（3）注重装饰，手法多样。注重装饰是清式家具最显著的特征。清代工匠们几乎使用了一切可以利用的装饰材料，尝试一切可以采用的装饰手法，在家具与各种工艺品相结合上更是殚精竭虑。清式家具采用最多的装饰手法是雕饰与镶嵌，如图 1-45 所示的花梨木雕龙纹方角柜，刀工细致入微，手法上又借鉴了牙雕、竹雕、漆雕等技巧，磨工亦百般考究，将雕件打磨得线楞分明，光润似玉。镶嵌是将不同材料按设计好的图案嵌入器物表面，家具上嵌木、嵌竹、嵌石、嵌瓷、嵌螺钿、嵌珐琅等，花样翻新，千变万化。

图 1-45　清中期花梨木雕龙纹方角柜一对

9．现代家具（20世纪初以后）

20 世纪初，各地相继办起家具手工业工场。至 1920 年，全国木器工场和作坊以及手工艺者已遍布各地，形成了一支浩大的手工业队伍，家具生产出现了中国传统家具与"西式中做"的新式家具并存的局面。但由于社会的进步，人们文化水平的提高，生活习惯的改变，以及传统家具价格较昂贵、加工工艺繁杂等原因，以致新式家具在各大城市中逐渐占据市场，传统家具则退居次要地位。新式家具多仿制西方流行的款式。早期有法国路易十五式（洛可可式）、路易十六式、英国维多利亚式及德国新古典主义风格等家具。后期又有日、美流行款式家具。这些家具用材广泛，构件加工方便，造型款式新颖，涂饰工艺简便，产品价格适宜。家具产品，除木家具外，还有金属家具、竹藤家具、塑料家具、柳条蜡杆家具及软家具等，品种日益繁多，款式日益新颖。产品结构从框架结构发展到板式结构等，从而加工工艺大为简化，为工业化生产提供了条件。

总的说来，商周以后的家具的生产、演变分为三个阶段：一、商周至三国时期为低矮型家具的流行阶段；二、两晋至五代是低矮型家具向高坐型家具转变的承前启后的过渡期；三、宋代以后则流行高坐型家具。明清两代实为中国古代家具的高峰期，家具艺术高度发展，形成各具特色的不同风格，被冠以"明式家具"和"清式家具"两个艺术概念。当然，家具风格的形成并不是各种因素的简单堆砌，不是一朝一夕迅速促成的，而是在历史长河中经过不同社会环境和文化的交融、碰撞而逐渐形成的。

1.3.2 西方家具的风格演变

由于受不同社会时期的文化艺术、生产技术和生活习惯的影响，西方古典家具经历了不同历史时期的变化和发展，反映了不同时代的传统特点。西方家具风格可分为奴隶社会的古代家具、封建社会的中世纪家具、文艺复兴以后的近世纪家具和工艺美术运动影响的现代家具。

古代风格家具

1．古代埃及家具（公元前 27 世纪至公元前 4 世纪）

埃及是世界最早的四大文明古国之一。古代埃及家具的木工技术已达到一定的水平，能够加工较完善的裁口榫接合和精致的雕刻，并运用涂料进行绘饰。可见古埃及家具的制作技术已经很高，当时的工具有斧、锯、凿、褪、弓钻等。早在古王国时代，贵族们就已经开始使用椅子和凳子，椅子是家具种类中最重要的品种。一般认为，所有的椅子都是从象征统治者地位的宝座发展而来的。如图 1-46 所示是古埃及时期的象征宫廷权威的椅子。古埃及家具的造型遵循着严格的对称规则，华贵中呈威仪，拘谨中有动感，充分体现了使用者权势的大小和其社会地位的高低，强调家具的装饰性超过了实用性，常用金银、宝石、象牙、乌木作为装饰材料进行镶嵌和雕刻。

图 1-46　古埃及家具（左吐坦哈蒙黄金王座椅，中吐坦哈蒙法老神殿祭祀椅，右吐坦哈座椅）

2．古代希腊家具（公元前 11 世纪至公元前 1 世纪）

古代希腊人吸取了古埃及和古西亚人的先进文化，逐步创造出欧洲大陆最古老且最有影响的文化，并对后世欧洲的文化产生了巨大影响。公元前 7 世纪至公元前 4 世纪，古希腊的文化艺术达到了极盛时期。由于希腊人的聪明才智和民主的社会结构，使得古代希腊在艺术、文学、哲学、科学诸方面都取得了辉煌的成就。古代希腊家具的魅力在于其造型适合人类生活的要求，实现了功能与形式美的统一，体现出自由、活泼的气质，如图 1-47 所示是古希腊典型的坐具——克里斯莫斯椅，立足于实用而不过分追求装饰，具有比例适宜、线条简捷流畅、造型轻巧的特点，给人以优美、舒适之感。椅子、凳子、躺椅、桌子和箱子就是古希腊人所拥有的全部家具。

3．古代罗马家具（公元前 5 世纪～5 世纪）

古罗马吸收了希腊文化的装饰，并把希腊的装饰和造型更加繁杂化。古罗马家具常见的品种有单人椅、双人椅、靠背椅、折叠凳、长凳等。古罗马的建筑与家具继承了古希腊晚期的风格并有所发展。罗马人共和时期就很羡慕希腊的文化艺术，古罗马家具在延续了古希腊家具风格之后又将其推进一步，使民族特色得以充分体现，即罗马帝国的英雄气概和统治者的权力与威严在家具上的显露与发挥。罗马时期的木制家具至今已无存留，然而从庞贝古城出土的实物中却可以看到一些遗存很好的大理石、铁或青铜制成的家具，如图 1-48 所示是古罗马的大理石桌，图 1-49 所示是古罗马时期常见的青铜三腿桌。古罗马家具带有奢华的风貌。尽管在造型和装饰上受到希腊的影响，但却具有古罗马帝国坚厚、凝重的风格，显示了一种男性化的风格，同时也是罗马帝国尚武好战精神的表现。

图 1-47　克里斯莫斯椅

图 1-48　古罗马的大理石桌

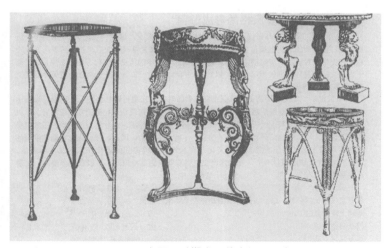

图 1-49　古罗马时期常见的青铜三腿桌

中世纪风格家具

4．仿罗马式家具（10 世纪～ 13 世纪）

仿罗马式是西欧以拉丁文化为基础来继承罗马文明中一种具有创造性的建树。自此以后，家具的西方传统就成为"基督教精神"的了，这是一个重要转折。仿罗马家具的主要特征是在造型和装饰上采用旋木技术，如图 1-50 所示，仿罗马式家具采用罗马式建筑的连环拱廊作为家具构件和表面装饰的手法。

5．哥特式家具（12 世纪～ 16 世纪）

12 世纪，哥特式兴起，哥特式家具的主要特征是与当时哥特建筑风格一致，模仿哥特建筑上的某些特征，如尖顶、尖拱、细柱、垂饰罩、连环拱廊、线雕或透雕的镶板装饰等，都以刚直、挺拔的外形与建筑形象相呼应，完全以基督教的政教思想为中心，旨在让人产生腾空向上、直指天空、与上帝同在的幻觉，并形成神权的至高无上，产生惊奇和神秘的情感。哥特式家具主要有靠背椅、座椅、大型床柜、小桌、箱柜等，呈现出庄严、威仪、雄伟、豪华、挺拔向上的气势，如图 1-51 所示的马丁教皇椅，突出体现了哥特式尖顶、细柱的家具风格。

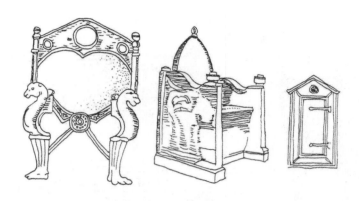

图 1-50　仿罗马式家具

图 1-51　马丁教皇椅（中图马丁教皇椅靠背局部，右图马丁教皇椅侧面局部）

6. 拜占庭式家具（5 世纪～ 15 世纪）

拜占庭式家具于公元 5 ～ 15 世纪在君士坦丁堡的东罗马帝国出现。拜占庭式家具继承了基督教和古希腊传统，融入了波斯、伊斯兰、中国的元素。拜占庭风格的主要特点是饰以流动的树叶和水果雕刻图案，并散缀着鸟和动物，多以精致的象牙浮雕著名，象牙镶板嵌入许多家具物品中。

近世纪风格家具

7. 文艺复兴式家具（14 世纪～ 16 世纪）

文艺复兴起源于 14 世纪的意大利，它承载着各种特征，是盛极一时的文化运动。文艺复兴在 15 世纪，古典文学作为最早的表现形式带动了知识、艺术、科技的发展。文艺复兴早期的家具是高雅的，以其造型设计的简朴、庄重、威严而著称，具有纯美的线条和协调的古典式比例，螺旋状而不影响其使用功能的雕刻有时与设计优美的镶嵌细工和夸大的镀金或彩色装饰相结合。

文艺复兴中期的家具仍然可见文艺复兴早期的简朴和宗教的威严，且图案更加优美、精细，比例进一步完善。此时在意大利的罗马开始出现并逐渐流行起以自然界的木材为基材进行丰富的深浮雕装饰并略为镀成金色。"文艺复兴后期"又被称为"样式主义"时期，家具常用深浮雕和圆雕，偶尔采用镀金进一步增加雕刻图案的精美性，采用的是纹章、战袍、盾形纹章、刻扁、涡卷饰、奇异的人像和女像柱，忽略了文艺复兴时期那种构图完善的古典比例，雕刻图案过于高出平面而脱离了家具本身造型的完整性要求，同时应用了灰泥模塑细工装饰，并把哥特式的窗格装饰结合到家具中，形成一种综合的风味。

8. 巴洛克式家具（17 世纪～ 18 世纪初）

"巴洛克"原是葡萄牙语"Baroque"，意为珠宝商人用来描述珍珠表面光滑、圆润、凹凸不平、扭曲的特征。巴洛克风格在世界建筑史和家具史上占有重要的地位。如图 1-52 所示为巴洛克风格家具，其主要特征是：强调力度、变化和动感，沙发华丽的布面与精致的雕刻互相配合，把高贵的造型与地面铺饰融为一体，气质雍容。

图 1-52　巴洛克风格家具

9. 洛可可式家具（18 世纪初～ 18 世纪中期）

洛可可风格又称为路易十五风格，这种风格源于法国。洛可可艺术是 18 世纪初期在法国宫廷形成的室内装饰和家具设计的一种造型艺术风格。如图 1-53 所示是凡尔赛宫路易十五的寝室，图 1-54 所示是凡尔赛宫路易十五的书房。洛可可家具风格最显著的特征就是不对称，并以自然界的动物和植物形象作为主要装饰语言，主要强调表面的装饰设计，以使人们的眼睛不去注意那些矩形的连接部位，另外还发展了青铜镀金、雕刻描金、线条着色或镶嵌花线与雕刻相结合等装饰手法，并适时地吸收中国的风格特征。所有这些做法都致力于追求家具本身的纤巧与华丽，强调使用中的轻巧与舒适，以均衡代替对称，形成了富于浪漫主义色彩的新艺术风格，与巴洛克风格形成反差和强烈对比。

现代风格家具

10. 工艺美术运动（1864 ～ 1896 年）

工艺美术运动是起源于英国 19 世纪下半叶的一场设计运动，其起因是针对家具、室内产品、建筑的工业批量生产所造成的设计水准下降的局面。这场运动的理论指导是约翰·拉斯金，主要人物是威廉·莫里斯。这场运动受到日本艺术的影响，影响主要集中在首饰、书籍装帧等方面。

11. 新艺术运动（1895 ～ 1910 年）

新艺术风格的艺术家除了摒弃传统、师法自然外，更从中世纪、日本、中东的艺术中汲取所需。主要设计范围包括家具、建筑、室内、公共设施装饰、海报及其他平面设计。1889 年由桥梁工程师居斯塔夫·艾菲尔（Guistave Eiffel，1832 ～ 1923）设计的艾菲尔铁塔堪称法国"新艺术"运动的经典设计作品。

图 1-53　凡尔赛宫路易十五的寝室　　　　　　　　　图 1-54　凡尔赛宫路易十五的书房

12．德意志制造联盟（1907 ～ ）

德意志制造联盟是德国第一个设计组织，1907 年成立，是德国现代主义设计的基石。它在理论与实践上都为 20 世纪 20 年代欧洲现代主义设计运动的兴起和发展奠定了基础。其创始人有德国著名外交家、艺术教育改革家和设计理论家穆特休斯、现代设计先驱贝伦斯、著名设计师威尔德等人，如图 1-55 所示是贝伦斯设计的自宅扶手椅，设计宗旨是通过艺术、工业和手工艺的结合来提高德国的设计水平。

13．荷兰风格派（1917 ～ 1928 年）

"风格派"即是荷兰的一些画家、设计家、建筑师在 1917 年到 1928 年之间组织起来的一个松散的集体。在家具设计上荷兰风格派的风格追求抽象和简化，如图 1-56 所示是荷兰风格派的代表人物之一赫里特·托马斯·里特维尔德（Gerrit Thomoas Rietveld）设计的"红蓝椅"，是荷兰风格派的典型代表作品。

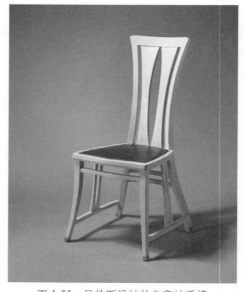

图 1-55　贝伦斯设计的自宅扶手椅　　　　　　　　　图 1-56　红蓝椅

艺术装饰风格是 20 世纪二三十年代主要的流行风格，是两次世界大战之间占统治地位的艺术潮流总称。在家具设计中，传统的木制家具逐步被金属家具所代替，钢管家具与贵重材料的手工艺相结合，出现在许多中产阶级家庭中，如赫伯斯特于 1930 年设计的梳妆台。

15．包豪斯（1919 ～ 1933 年）

Bauhause，包豪斯是德语 Bauhaus 的译音，由德语 Hausbau（房屋建筑）一词倒置而成。它由魏玛艺术学校和工艺学校合并而成，目的是培养新型设计人才。它创造了机器美学模式，完善了功能主义思想，因此这个时期的风格也被称为功能主义或现代主义风格。包豪斯家具设计使用工业革命后大机器生产的材料，如金属、皮革、弯曲木等，如图 1-57 所示是设计大师马歇尔·拉尤斯·布劳耶于 1925 年设计的世界上第一把钢管皮革椅，为了纪念他的老师，故取名"瓦西里椅"，瓦西里椅堪称包豪斯风格的经典之作，追求纯线条和几何造型，形态无需任何装饰，注重使用功能。

图 1-57　布劳耶设计的瓦西里椅

16．后现代家具的发展（20 世纪 40 年代后）

现代家具设计是指利用现代加工手段和现代工业原材料生产出具有现代气息和特征的家具的一种创造性活动。从世界家具发展状况来看，现代家具的设计正朝着技术上先进、生产上可行、经济上合理、款式上美观、使用上安全等方向发展。越来越多的设计师对"家具的功能不仅是物质的，也是精神的"这一理念有更多、更深的理解。当然，现代家具的发展与整个家具设计发展的历史是密不可分的。

1.3.3　未来家具设计的发展趋势

就家具设计而言，它不仅是解决问题的方法和手段、创造和革新，而且也是一种审美活动。家具设计不只包括产品形态、色彩、材料的设计，还包括对工艺和各生产环节的设计，但更为重要的是，作为一种创造性的活动，它对人类的生活方式也起到了一定的设计作用。因此，家具设计是一个统筹的过程、综合的过程，也是一个艺术与技术结合的过程。21 世纪的家具设计将会异彩纷呈，形成多元化的趋势。具体地讲，家具设计的观念有以下几个趋势：

（1）绿色、生态、可持续发展的生态化设计趋势。

融合环境意识是家具发展之路，21 世纪是信息时代，也是生态文明时代，人类将会运用高新科技探索生存生产和生活环境可持续发展的模式，设计要考虑并解决好自然资源和自然材料的合理运用。未来的家具设计中将尽量多地利用自然元素和天然材质，创造自然质朴的生活环境，注重资源和材料的再生利用，按照"绿色家具"概念要求来设计家具。生产工艺上，加工时使用新技术、新工艺以减少加工的废料废品，减少粉尘、噪音等公害，做到节能、省料、无害、生态化地利用材料，使之达到可持续发展。家具设计将在环保型材料和绿色纹理漆面等方面多加考虑，使设计出来的家具更符合人们返璞归真的审美需求。

（2）人性化、多元化的设计趋势。

人性化设计是指设计中体现以人为本的设计原则，设计始终以人为中心。人的需求是十分复杂的，不同地域、不同民族或不同阶层的人群有着各自不同的思想文化、风俗习惯、宗教信仰、生活方式等。因此未来的家具设计首先关注人们的需求，延续与深化人性化的设计主题，围绕提高人们生活质量的欲望、需求进行开发、创新设计。人性化的设计趋势更多地会从人体工程学的原理出发，从生理和心理的角度围绕使用者的需求来进行设计。在家具设计时除了满足静态功能要求外，还要注意在动态条件下对生理状况的满足。审美层次的提高使得人们将会追求具有艺术风格、文化特色、美的意境等个性化、多元化的家具。家具的多元化不仅体现在家具形态上，多元化复合材质的使用，木、皮、织物、铝、钢、玻璃、塑料的"交叉"搭配，实现了人们在材质选择上的多元化需求，样样都让家具更显缤纷与质感。知识经济时代的到来，不但给人们的生活带来了新的变化，而且也改变着人们的思维方式、生存理念和审美趣味，家具设计将在未来的家具行业中起到主导作用。

（3）简洁化的设计趋势。

近年来，代表现代家具设计趋势的家具展览的展会上，有古典家具、现代家具、前卫类型家具，以及非常强调设计感的艺术家具等不同的展馆。不论古典家具还是现代家具，工艺上都更加成熟，整体风格上更加简约。许多家具都没有特殊装饰，就连古典家具也在许多地方摒弃了繁琐的花纹，这突出反映了未来家具设计中简约思想会占据主导，许多零部件进一步标准化并细化，以适合现代工业化的加工。全自动化的生产设备使顶级品牌公司大规模的生产方式成为可能。它既维持了规模生产的成本优势，又灵活地满足了各类顾客的个性需求。按简约思想设计的家具，虽然装饰性附件少，却各自有内涵和形象。它们摒弃了豪华雍容的感觉，更富于时代感，本着"以人为本，简朴自然"的原则，针对现代人而设计，更适合人们在日常生活中使用。家具的简约设计是新世纪对家居时尚的重新定义，成为不可阻挡的潮流趋势。

（4）文化、艺术化、民族化的设计趋势。

家具是一种深具文化内涵的产品，它实际上表现了一个时代、一个民族的消费水平和生活习俗，它的演变实际上表现了社会、文化及人的心理和行为的认知。然而在 20 世纪中叶人们推断世界将大统一，这将导致传统文化和地区文化的削弱，这无疑是对传统文化和民族文化的一个沉痛打击，所幸的是，人们逐渐认识到传统文化与民族文化的丰厚内涵和历史的积淀是家具设计的生命与源泉。家具的设计就是要以文化为依托，对文化的理解使得人们对生活品位的要求正在提高。对于人一生生活时间占 70% 以上的家来说，家具的文化品位和艺术性的重要可想而知。家具的艺术性在成熟的设计上将会越来越突出，高雅、华贵、瑰丽、优美的家具势必会带给忙碌的人们以温馨的、家的感受，艺术化设计将会成为新时尚的追求。因为只有地域的才是民族的，只有民族的才是世界的。

家具是社会的产物，也是历史的产物，具有丰富而深刻的社会内涵，它是特定历史时期社会生产力发展水平的标志，是当时生活方式的间接影像。家具由功能、结构、材料、形式四种因素构成，其中功能是家具存在的前提，结构是实现功能的技术条件，材料是家具的物质基础，形式则是家具的存在方式。家具的设计、使用与社会生产技术水平、政治制度、生活方式、文化习俗、思想观念，以及审美意识等密切相关。家具设计除了要满足人们生活起居的需要外,还体现出居住环境的完整设计风格,反映出居住者的职业特征、审美情趣和文化素养。

1.4 课后思考与练习

1.4.1 思考题

1. 坐姿由席地而坐转变成垂足而坐,标志着中国人起居方式大变革的朝代是哪个朝代,请思考这个朝代的家具特点。

2. 思考明式家具的风格特点与清式家具的风格特点。

3. 列举你最喜欢的意大利现代家具设计大师,并阐述理由。

4. 思考进入 21 世纪后,人们进行家具设计重视的主题方向是什么,家具设计将呈现什么样的特征?

1.4.2 练习题

1. 绘出西方家具风格演变过程中各时期最具代表性的椅子一把,并分析各历史时期造型方面发展变化的特点。

2. 参观考察历史博物馆、古建筑、古园林,着重了解历代建筑与艺术风格对家具设计风格演变的影响,写出一篇图文并茂的考察报告。

第2章 家具设计中的人体工程学

2.1 人体工程学与家具设计的关系

2.1.1 关于人体工程学

人体工程学又叫人类工学或人类工程学。它以人—机—环境三者关系为研究对象，以实测、统计、分析为基本的研究方法。具体到产品上来，也就是在产品的设计和制造方面完全按照人体的生理解剖功能量身定做，更加有益于人体的身心健康。

2.1.2 人体工程学对于家具设计的重要性

人体工程学是以人为核心，研究人—机—环境三者之间关系的边缘学科。现代家具设计最重要的因素就是"以人为本"，是人性化设计。家具设计中人体工程学的考虑会使得家具更符合人的生理机能和满足人的心理方面的需求。

人体工程学在家具设计中的作用如下：

（1）确定家具的科学分类。根据家具和人与物的关系将家具分为支承人体的人体类家具，如椅、凳、沙发等；与人体关系密切的准人体家具——承托物体的凭倚性家具，如桌、台等；与物品关系密切的起贮藏物品作用的贮藏类家具，如柜、架等。

（2）确定了家具最佳性能的评价标准。例如有关床垫的设计问题，对人在睡眠状态时进行肌电图、脑电波、体压分布、脉搏、呼吸、出汗、卧姿变化、翻身次数、疲劳感觉等进行计测。

（3）确定了家具的最优尺寸。

（4）确定家具设计的标准原型。

人体工程学把人的工作、学习和生活行为分解为各种姿势，得出人的各种人体生活姿态系列，再对人体生活姿态系列进行分类得出生活姿态的各种类型，根据人的各种姿态的性质、空间尺度、眼睛高度、人体支撑点位置等把人的各种姿态分为立位、椅坐位、平坐位、卧位四大类。

从人和家具设计的关系角度看，家具设计符合人体工程学的几点设计原则如下：

（1）家具的基本功能设计应该满足使用者的具体行为方式。

（2）提供给人们休息的家具，在造型和尺度设计时应该使人们在静态使用状态时疲劳强度降到最低，使人身体各个部分的肌肉完全放松。

（3）为工作状态下提供服务的家具，除了减轻人体疲劳外，还应该注意人与家具合理的位置关系，以提高工作效率。

（4）家具设计时，造型和尺度要遵循身体便于移动的原则。

（5）家具的外观和功能设计要考虑人心理上的需求，使人在使用时产生愉悦感。

2.2　人体尺度与家具的关系

人的尺度就是衡量家具尺度的最好标志。如人体站姿时伸手的最大活动范围，坐姿时的小腿高度和大腿的长度及上身的活动范围，睡姿时的人体宽度、长度及翻身的范围等都与家具尺寸有着密切的关系。因此，学习家具设计必须首先了解人体固有的基本尺度。但是由于人体尺度随年龄、性别、地区存有差异，因此我们采取平均值作为相对尺度依据，但不可作为绝对尺度，因此我们要辩证地看待尺度，要有灵活性。

2.2.1　与家具设计相关的人体静态尺度

人体尺寸可分为人体静态尺寸和人体动态尺寸，人体静态尺寸对与人体有直接关系的物体有较大影响，如家具、服装、设备等，主要为各种家具、设备提供数据。在表 2-1 中展示了中国成年人身体的主要尺寸。

表 2-1　人体主要尺寸　（单位 mm）

年龄分组 百分比 测量项目	男（18～60岁）							女（18～55岁）						
	1	5	10	50	90	95	99	1	5	10	50	90	95	99
身高	1543	1583	1604	1678	1754	1775	1814	1449	1484	1503	1570	1640	1659	1697
体重	44	48	50	59	70	75	83	39	42	44	52	63	66	74
上臂长	279	289	294	313	333	338	349	252	262	267	284	303	308	319
前臂长	206	216	220	237	253	258	268	185	193	198	213	229	234	242
大腿长	413	428	436	465	496	505	523	387	402	410	438	467	476	494
小腿长	324	338	344	369	396	403	419	303	313	319	344	370	376	390

在家具设计中，人体的静态尺寸制约了某些家具的尺寸。如人体的身高应用于柜类家具的高度、搁板高度的设定上；立姿眼高应用于展示类家具的功能空间设计、隔断和屏风高度的设计上；肘部高度应用于厨房家具（地柜）、梳妆台、柜台、工作台等高度的设计，通过科学研究发现，最舒适的高度是低于人的肘部高度 7.6cm，另外休息平面的高度大约应该低于肘部高度 2.5～3.8cm；挺直坐高应用于双层床、学生用家具（床、书柜、书桌一体化家具）；坐姿眼高应用于电视柜、课桌椅、影剧院家具等；肩宽尺寸决定床类家具的部分尺寸等；两肘宽度可用于确定会议桌、餐桌、柜台和牌桌周围座椅的位置；臀部宽度用于限定坐椅宽度等。

2.2.2　人体动态尺度与家具的关系

人体动态尺寸是人在进行某种功能活动时肢体所能达到的空间范围。对于大多数的设计，人体动态尺寸有更广泛的用途。在使用功能尺寸的情况下强调的是在完成人体的活动时的尺寸范围。人体各个部分是不可分的，不是独立工作，而是协调动作。在日常生活中，人们常见的姿势，如站姿、坐姿、卧姿等有着人们自己的高度尺度、取拿物品距离极限以及舒适的距离，如图2-1所示是人们日常生活中的活动尺寸，如图2-2所示是人在站姿状态下人体的活动空间，如图2-3所示是人在坐姿状态下人体的活动空间，如图2-4所示是人在卧姿状态下人体的活动空间。

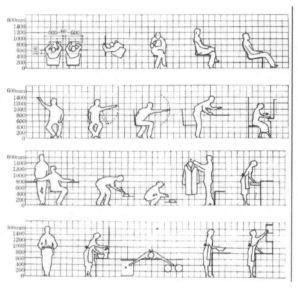

图2-1　生活中人体的活动尺寸

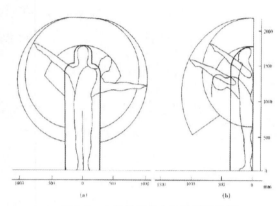

图2-2　人体站姿状态下的活动空间

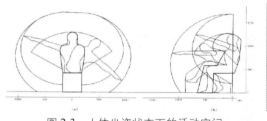

图2-3　人体坐姿状态下的活动空间

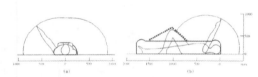

图2-4　人体卧姿状态下的活动空间

2.3　人体尺度在家具设计中的应用

2.3.1　坐类家具

1. 坐具设计的原则与分类

（1）坐具设计的基本原则：座椅的形式和尺度与其功能和用途有关；座椅的尺度必须参照人体测量学数据确定；身体的主要重量应由臀部坐骨结节点承担；座椅前缘处，大腿与椅子之间压力应尽量减小；腰椎下部应提供支承，设置适当的靠背以降低背部紧张度；坐者应能方便地变换姿势（不必起身），但必须防止滑脱；椅垫必须有足够的垫性，使其有助于体重压力分布于坐骨结节区域。

（2）坐具的分类按照座椅使用目的的不同，基本可分为以下三类：

- **休息用椅**：设计重点在于使人体得到最大的舒适感，消除身体的紧张与疲劳。
- **工作用椅**：主要用于各类工作场所，设计时要考虑座椅的舒适性与方便性，此外稳定性也是主要因素。腰部要有适当的支撑，重量要均匀分布于坐垫（或坐面）上；同时要适当考虑人体的活动性和操作的灵活性与方便性等。
- **多用椅**：这类座椅以多种功能为设计重点。它可能与桌子配合，可能是工作、休息兼用，也可能是作为备用椅可以折叠收藏起来。

如图 2-5 所示，展示了普通座椅与多功能座椅的侧面轮廓，展示了家具形态的设计要符合人们对其不同功能的需求。

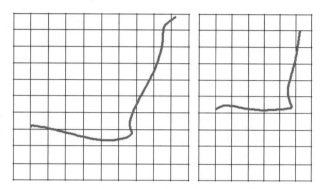

图 2-5　普通座椅与多功能座椅侧面轮廓对比

2．坐具的基本尺度

（1）坐高（H1）：坐高是指坐具的坐面与地面的垂直距离，由于椅坐面常向后倾斜，通常以前坐面的高度作为椅子的坐高。坐高是影响坐姿舒适度的最重要因素之一，坐面高度不合理会导致不正确的坐姿，坐得时间稍久就会使腰部产生疲劳感。我们通过对人体腰椎活动度的测定，可以看出凳高 400mm 时腰椎活动度最高，即疲劳感最强。在生活中人们喜欢坐矮板凳的道理就在于此。如图 2-6 所示，展示了座椅各个部分的名称。其中 B1 为座前宽，B2 为背宽，T1 为坐深，T2 为靠背高，H1 为坐高，H2 为扶手高，α 为座斜角，β 为背斜角。如图 2-7 所示，显示了坐面高度与人体活动度的曲线变化图，展示了各种坐面高度对于人疲劳感强弱的影响。

图 2-6　座椅各部分名称

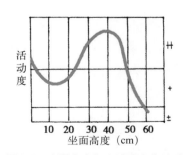

图 2-7　坐面高度与人活动度的关系

另外，座椅的坐高与椅面上承受的体压分布密切相关，坐高是影响坐姿舒适度的重要元素。如图 2-8

所示为不同凳高坐姿体压分布的测试：椅面过低大腿碰不到椅面，体压过多集中在坐骨点上，时间久了会产生疼痛感，而过低，人身体处于前趋姿态，重心过低，人起立时感到困难。当坐面高等于下腿高时，压力最小，疲劳感最弱。因此设计时要寻求合理的体压和坐高，但实际设计中，座椅要为不同身高和不同性别的人群使用，因此要通过选取平均值来确定较佳的合适坐高。

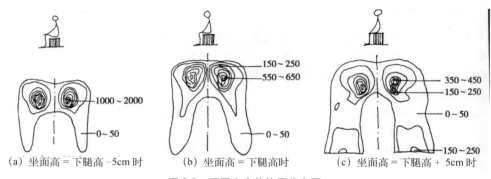

(a) 坐面高 = 下腿高 −5cm 时　　(b) 坐面高 = 下腿高时　　(c) 坐面高 = 下腿高 + 5cm 时

图 2-8　不同坐高的体压分布图

（2）坐深（T1）：指椅面的前沿至后沿距离，座椅的深度对人体坐姿的舒适度影响很大。坐面深度要适中，通常坐深应小于人坐姿时大腿的水平长度，使坐面前沿离开小腿有一定的距离，保证小腿一定的活动自由。对于普通工作椅来说，人体腰椎与骨盆之间成垂直状态，所以座椅深可以浅点。而作为休息的靠背椅，腰椎与骨盆状态呈现钝角状，故可以设计得稍微深一些。如图 2-9 所示，展示了坐深的休息靠背椅腰椎与骨盆的状态，人比较舒适，然而在起身时较为吃力。

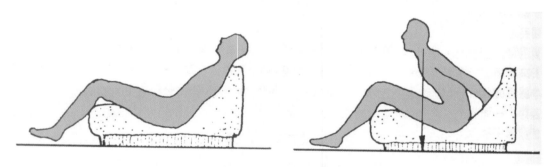

图 2-9　休息靠背椅与人体活动的关系

（3）坐宽（B1）：椅子坐面的宽度根据人的坐姿及动作往往呈前宽后窄的形状，坐面的前沿宽度称坐前宽，后沿宽度称坐后宽。座椅的宽度应使臀部得到全部支承并有适当的活动余地，便于人体坐姿的变换和高度，但也不宜过宽，以自然垂臂的舒适姿态肩宽为准。

（4）坐面倾斜度（α）：从人体坐姿及其动作的关系分析，人在休息时，人的坐姿是向后倾靠，使腰椎有所承托。因此一般的坐面大部分设计成向后倾斜，其倾斜角度为3°～5°，相对的椅背也向后倾斜。而不同功能需求的座椅，设计倾斜度时有所不同，工作椅，人体工作时腰椎与骨盆垂直，甚至前倾，后倾的设计反倒会增加人体的疲劳感，因此工作椅座面以水平为好，甚至可以考虑前倾设计，如图 2-10 所示是一款平衡椅设计，是根据人体工作姿态的平衡原理设计而成的，膝前靠垫把人的重量分布于骨支撑点和膝支撑点，使人体自然前倾，背部、腹部、臀部肌肉完全放松，便于集中精力，提高工作效率。如图 2-11 所示是SACCO的墩状软垫，凳子可以在任意倾斜角度得到限定，适合不同人群的需求。

图 2-10　一款平衡椅设计

图 2-11　墩状软垫 SACCO

（5）椅靠背的高度与宽度（T2 与 B2）：人体背部脊柱处于自然形态时最舒适，要达到这一点，只有通过座椅的坐面与靠背之间的角度、靠背的形状和适当的腰椎支持来保证。如图 2-12 所示是多功能办公座椅，设计师注意靠背形状和结构的研究，以确保对于不同身形和不同可能动作的人都有最好的支撑。

图 2-12　多功能办公座椅

（6）椅靠背倾角（β）：指坐面与靠背的夹角。从保持正常自然形态的脊柱和增加舒适感角度看，靠背倾角取 115° 较为合适。

如图 2-13 所示是波尔·沃尔塞尔设计的科罗纳椅，充分考虑了脊椎各个部分的舒适性。框架为镀铬不锈弹簧钢，符合人体工程学的椭圆形椅面、靠背提供坐者以极大的体量支撑，使身体完全松弛放松，故而相当舒适。

如图 2-14 所示是维纳·潘盾的锥形椅，是真正的未来派家具。锥形椅构架采用金属板塑型制成，配以乳胶塑料泡沫垫和编织布料。椅子的支撑似乎是在十字架的基础上获得一种力学上的平衡。不禁使我们想起孩童时代的陀螺式冰激凌。锥形椅的简洁几何体造型和大胆的色彩提倡一种全新的坐具风格。

如图 2-15 所示是多功能儿童座椅，在设计时考虑座椅可以陪伴孩子从幼儿到成人的整个阶段，和孩子一起长大的设计理念，人体工程学方面适合 2 岁到成人使用。而且彩色的坐垫可以替换，满足孩子在孩童时对色彩的新鲜感。

图 2-13　科罗纳椅

图 2-14　维纳·潘盾的锥形椅

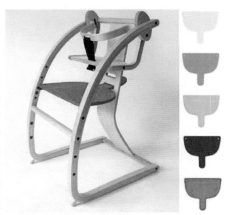

图 2-15　适合多个年龄段的儿童座椅

（7）扶手高度（H2）：休息椅和部分工作椅需要设有扶手，其作用是减轻两臂的疲劳。扶手的高度应与人体坐骨结节点到上臂自然下垂的肘下端的垂直距离相近。

2.3.2　卧类家具

1. 卧类家具的设计原则

与睡眠直接相关的卧具的设计，主要指的是床。床的基本要求是使人尽快入睡，并且消除一天的疲劳，恢复体力和补充工作精力。因此要考虑床与人体生理机能的关系。

（1）卧姿时的人体结构特征。从人体骨骼肌肉结构来看，人在仰卧时，不同于人体直立时的骨骼肌肉结构。人直立时，背部和臀部凸出于腰椎有 40 ~ 60mm，呈 S 形。而仰卧时，这部分差距减少至 20 ~ 30mm，腰椎接近于伸直状态。

人体起立时各部分重量在重力方向相互叠加，垂直向下，但当人躺下时，人体各部分重量相互平行垂直向下，并且由于身体各部分的重量不同，其各部位的下沉量也不同，因此床的设计好坏以能否最大限度地消除人的疲劳为关键，即床的合理尺度及床的软硬度能否适应支承人体卧姿，使人体处于最佳的休息状态。如图 2-16 所示，展示了不同弹性软硬度的床面上卧姿的体压分布情况。人体迟钝的部分承受压力较大，而人体敏锐的地方承受压力较小，这样分布比较合理，因此第二张床的弹性比较合理，人睡眠时比较舒适。

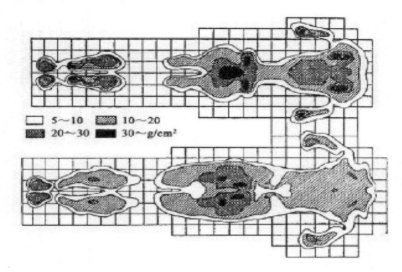

图 2-16　人体卧姿状态下在不同弹性床上的体压分布图

（2）床面的垫性。为了使体压得到合理分布，必须精心设计好床的软硬度。现代家具中使用的床垫是解决体压分布合理的较理想用具。它由不同材料搭配的三层结构组成，上层与人体接触部分采用柔软材料；中层则采用较硬的材料；下层是承受压力的支承部分，用具有弹性的钢丝弹簧构成。这种软中有硬的三层结构做法有助于人体保持自然良好的仰卧姿态，从而得到舒适的休息。

2．床的基本尺度

（1）床宽：床的宽窄直接影响人睡眠的翻身活动。日本学者做的试验表明，睡窄床比睡宽床的翻身次数少。当睡宽为 500mm 的床时，人睡眠翻身次数要减少 30%。一般我们以仰卧姿势作为床宽尺度确定的依据。单人床床宽，通常为仰卧时人肩宽的 2 ～ 2.5 倍，即单人床宽 =（2 ～ 2.5）W；双人床宽，一般为仰卧时人肩宽的 3 ～ 4 倍，即双人床宽 =（3 ～ 4）W。成年男子平均 W = 410mm（因女子肩宽尺寸 W 小于男子，故一般以男子为准）。通常单人床宽度不宜小于 800mm。如图 2-17 所示，展示了单人床与双人床的主要尺寸。

（2）床长：床的长度指两床头屏板内侧或床架内的距离。为了能适应大部分人的身长需要，床的长度应以较高的人体作为标准进行设计，床长（L）= 1.05 倍的身高（h）+ 头顶余量（α）约 100mm + 脚下余量（β）约 50mm。

（3）床高：床高即床面距地高度。一般与椅座的高度取得一致，使床同时具有坐卧功能。另外还要考虑到人的穿衣、穿鞋等动作。一般床高在 400 ～ 500mm 之间。双层床的层间净高必须保证下铺使用者在就寝和起床时有足够的动作空间，但又不能过高，过高会造成上下的不便及上层空间的不足。按照国家标准 GB3328-82 规定，双层床的底床铺面离地面高度不大于 420mm，层间净高不小于 950mm。

2.3.3　凭倚类家具

凭倚类家具是人们工作和生活所必需的辅助性家具，如餐桌、写字桌、课桌、制图桌、售货柜台、账台、讲台和各种操作台等。这类家具的基本功能是适应在坐立状态下进行各种活动时提供相应的辅助条件，并兼作放置或贮存物品之用，因此这类家具与人体动作产生直接的尺度关系。

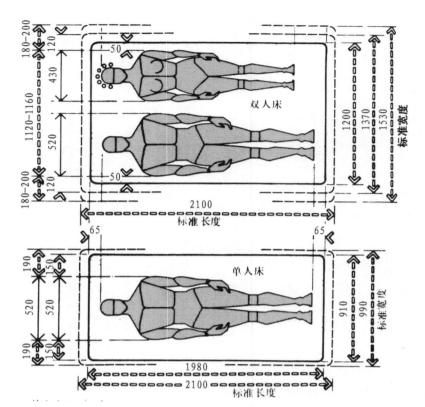

图 2-17　单人床与双人床的主要尺寸

1. 坐式用桌的基本尺度与设计要求

（1）高度：桌子的高度与人体运动时肌体的形状及疲劳有密切的关系。经实验测试，过高的桌子容易造成脊柱的侧弯和眼睛的近视，从而降低工作效率，另外桌子过高还会引起耸肩、肘低于桌面等不正确姿势而引起肌肉紧张，产生疲劳；桌子过低也会使人体脊椎弯曲扩大，造成驼背、腹部受压、妨碍呼吸运动和血液循环等弊病，背肌的紧张收缩也易引起疲劳。因此正确的桌高应该与椅坐高保持一定的尺度配合关系。设计桌高的合理方法是应先有椅坐高，然后再加上人体坐高比例尺寸确定的桌面与椅面的高度差，即：桌高 = 坐高 + 桌椅高差（坐姿状态时上身高的1/3）。

根据人体的不同使用情况，椅坐面与桌面的高差值可有适当的变化。如在桌面上书写时，桌椅高差 =1/3 坐姿上身高 -20 ～ 30mm，学校中的课桌与椅面的高差 =1/3 坐姿上身高 -10mm。桌椅面的高差是根据人体测量而确定的。由于人种高度的不同，该值也就不一，因此欧美等国家的标准与我国的标准不同。1979 年国际标准（ISO）规定桌椅面的高差值为 300mm，而我国确定值为 250 ～ 320mm。由于桌子定型化的生产很难因人而造、因人而用，目前还没有看到男人使用的桌子和女人使用的桌子，因此这一矛盾可用升降椅面高度来弥补。我国国家标准 GB3326-82 规定桌面高度为 H = 700 ～ 760mm，级差△ S=20mm，即桌面高可分别为 700mm、720mm、740mm、760mm 等规格。

（2）桌面尺寸：桌面的宽度和深度应以人坐姿时手可达的水平工作范围以及桌面可能置放物品的类型为基本依据。如图 2-18 所示，展示了人手在各种可能动作中可以达到的水平工作范围。

如果是多功能的或工作时需要配备其他物品、书籍时，还要在桌面上增添附加装置。双人平行或双人对坐形式的桌子，桌面的尺度应考虑双人动作幅度互不影响。对于阅览桌、课桌类的桌面，最好有约 15°的倾斜，以便获取舒适的视域和保持人体正确的姿势，因为当视线向下倾斜 60°时，则视线与倾斜桌面接近 90°，文字在视网膜上的清晰度就高，既便于书写，又使背部保持着较为正常的姿势，减少了弯腰与低头的动作，从而减轻了背部肌肉紧张和酸痛的现象。如图 2-19 所示是专门为设计制图设计的工作台，如图 2-20 和图 2-21 所示是现代的符合人体工程学与现代美学的办公工作台设计及其人体工程学分析图。

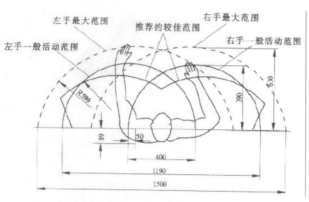

图 2-18　人在坐姿时手可以达到的水平工作范围

图 2-19　制图工作台设计

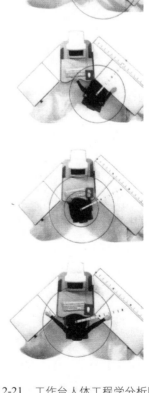

图 2-20　符合现代审美与人体工程学的工作台设计

图 2-21　工作台人体工程学分析图

　　如图 2-22 所示是多功能办公桌设计，产品可以在椅子和工作桌椅之间转换，并且设计时考虑了人体尺寸，使人在工作和休息时都很舒适。

图 2-22　多功能办公桌设计

餐桌与会议桌的桌面尺寸以人均占周边长为准进行设计。如图 2-23 所示为四人台餐桌的尺寸示意图。

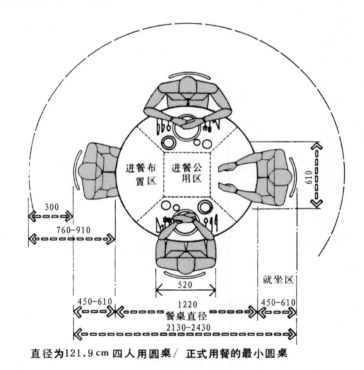

直径为121.9cm四人用圆桌／正式用餐的最小圆桌

图 2-23　四人台圆桌主要尺寸示意图

一般人均占桌周边长为 550 ～ 580mm，较舒适的长度为 600 ～ 750mm。 国家标准 GB3226-82 规定：双柜写字台宽为 1200 ～ 1400mm，深为 600 ～ 750mm；单柜写字台宽为 900 ～ 1200mm，深为 510 ～ 600mm；宽度级差为 100mm；一般批量生产的单件产品均按标准选定尺寸，但对组合柜中的写字台和特殊用途的台面尺寸，不受此限制。

（3）桌面下的净空尺寸：为保证坐姿时下肢能在桌面下放置与活动，桌面下的净空高度应高于双腿交叉叠起来的膝高，并使膝上部留有一定的活动余地。如有抽屉的桌子，抽屉不能做得太高，桌面至抽屉底的距离不应超过桌椅高差的 1/2 即 120 ～ 150mm，也就是说桌子抽屉下沿距椅坐面至少应有 172 ～ 150mm 的净空。国家标准 GB3326-82 规定，桌子空间净高大于 580mm，净宽大。

2．立式用桌（台）的基本要求与尺度

立式用桌主要指售货柜台、营业柜台、讲台、服务台及各种工作台等。站立时使用的台桌高度是根据人体站立姿势的屈臂自然垂下的肘高来确定的。如图 2-24 所示为人在各种站姿动作和人体尺度的关系。按照我国人体的平均身高，站立用台桌高度以 910 ～ 965mm 为宜。若是需要用力工作的操作台，其桌面可以稍降低 20 ～ 50mm，甚至更低一些。立式用桌的桌面尺寸主要由操作所需的表面尺寸和表面放置物品状况及室内空间和布置形式而定，没有统一的规定，视不同的使用功能进行专门设计。立式用桌的桌台下部不需要留出容膝空间，因此桌台的下部通常可作贮藏柜用，但立式桌台的底部需要设置容足空间，以利于人体靠紧台桌的动作之需。这个容足空间是内凹的，高度为 80mm，深度在50 ～ 100mm。

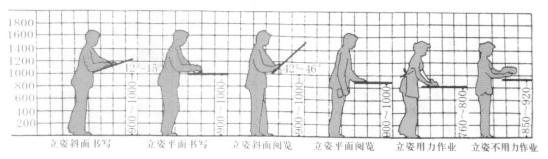

图 2-24　各种站姿与人体尺度的关系图

2.3.4　贮藏类家具

贮存类家具是收藏、整理日常生活中的器物、衣物、消费品、书籍等的家具。根据存放物品的不同，可分为柜类和架类两种不同贮存方式。柜类贮存方式主要有大衣柜、小衣柜、壁柜、书柜、床头柜、陈列柜、酒柜、备餐柜等；而架类贮存方式主要有书架、食品架、陈列架、衣帽架等。贮存类家具的功能设计必须考虑人与物两方面的关系：一方面要求贮存空间划分合理，方便人们存取，有利于减少人体疲劳；另一方面又要求家具贮存方式合理，贮存数量充分，满足存放条件。

1．贮藏类家具的设计要求

日常生活中，贮藏类家具应该按照以下两点设计：一是按照人体工程学的原则，根据人体的操作活动和人四肢的可及范围来安排；二是根据物品使用频率来安排存放位置。

2．贮藏类家具的参考尺寸

贮藏类家具应首先考虑适应女性的使用要求。1850mm 的高度空间是贮藏类家具使用方便的空间，在 1850mm 以下的范围内，根据人体动作行为和使用的舒适性与方便性可再划分为两个区域：第一个区域为以人肩为轴，上肢长度为动作半径的范围，高度定在 650 ～ 1850mm，是存取物品最方便、使用频率最多的区域，也是人的视线最易看到的视域，在衣柜类家具设计中，此空间最好设置挂衣区、挂裤区、叠放区；第二个区域为从地面至人站立时手臂下垂指尖的垂直距离，即 650mm 以下的区域，该区域存贮不便，人必须蹲下操作，一般存放较重而不常用的物品，在衣柜类家具设计中，此空间最好设计为箱包区或挂裤区。若需要扩大贮存空间、节约占地面积，则可以设置第三个区域，即柜橱的上空 1850mm 以上的区域。一般可叠放物品，存放较轻的过季性物品。如图 2-25 所示为分别适合于男性与女性的柜体相关尺寸示意图。

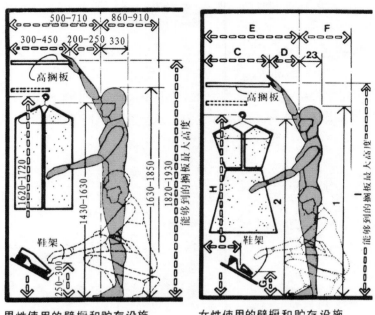

图 2-25 男性和女性贮存设施尺寸示意图

2.4 人的心理因素与家具设计

设计作为一种表达方式，源自于个体的心灵。家具对人产生的心理效应主要通过家具的造型、色彩、材质等来体现，因此，在家具设计中注重家具造型、色彩、材质等的心理效应能使人和家具环境之间更加协调，使人的生理和心理都得到最大的满足，从而使家具设计更加完美。

2.4.1 家具形态对心理的影响

家具形态要素中如空间、构图、形体、尺度等基本由人的姿态和尺度来决定，这些是家具形态设计中的"硬"要素，而其他如造型影响人的情绪和感觉的因素，则可以认为是家具形态设计中的"软"要素，各种"软"的和"硬"的要素同时影响家具给人的感觉并影响人的情绪。情绪和感觉无疑也是一种功能，是一种精神功能。

在家具中造型线常表现为长条形，是造型设计中最富有表现力的要素，线富于变化，对动静的表现力最强，线条是家具不同风格的重要构成因素。直线和曲线在性质上有相反的美感，直线表现强硬，直线构成家具造型给人以刚劲、安定、庄严的感觉，在造型艺术上体现了"力"的美感；曲线表现柔和，曲线为主的家具造型往往显得气势盎然、婉转曲折、流畅自如；直线与曲线相结合的家具造型，不但具有直线稳健、挺拔的特点，而且还有曲线给人的流畅、活泼的感觉，使家具造型具有或方或圆、有柔有刚、形神兼备的特点，直线和曲线的巧妙运用和独具匠心的结合方能体现家具的艺术效果。

如图 2-26 至图 2-28 所示展现了书架设计中的不同造型线条，图 2-26 中体现了直线造型的书架，带给人以稳定、严肃的感觉，图 2-27 中体现了不同曲线造型的书架，表现出活跃、柔美的造型感觉；图 2-28 中采用了直线与曲线结合的造型特点，使造型给人以刚柔并济的心里感受。

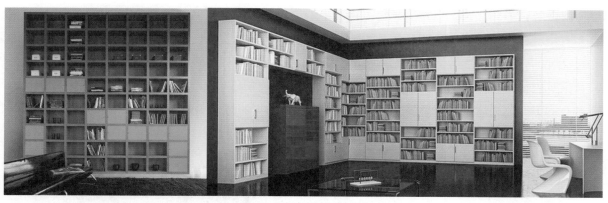

图 2-26　直线条造型的书架

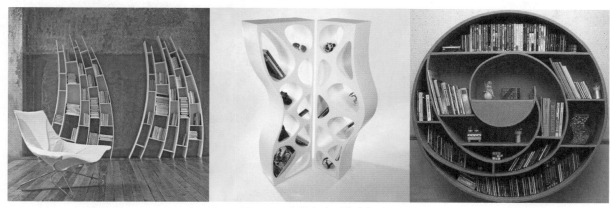

图 2-27　曲线条造型的书架

图 2-28　直线条与曲线条相结合造型的书架

2.4.2　家具色彩对心理的影响

在日常生活中，人们对家具色彩的选择往往只注意营造室内的和谐情调，而很少把家具色彩与身心健康挂起钩来，事实上研究表明，家具色彩真的能"左右"人的心理，从而影响身体健康。人们对不同的色彩表现出不同的好恶，这种心理反应常常是因为人们的生活经验、利害关系以及由色彩引起的联想造成的。人眼总是对已经显现出来的事物的颜色、形状很敏感，容易由所看到的而产生丰富的内在联想。例如看到红色，联想到太阳，万物生命之源，从而感到崇敬伟大，也可以联想到血，感到不安、野蛮等；看到黑色，联想到黑夜、丧事中的黑纱，从而感到神秘、悲哀、不祥、绝望等。人们对色彩有一种由经验感觉到主观联想，再上升到理智的判断，因此在家具设计中选择色彩作为某种象征和含义时，应该根据具体情况具体分析，不能随心所欲。

从家具整体形象来看，家具色彩主要体现在材料自身的固有色、保护色、装饰色，以及金属、塑料所具有的工业色及软包织物色等。家具色彩的应用离不开室内的整体氛围，如图 2-29 所示，家具色彩与空间环境应用调和的手法，使家具本身的色彩和环境氛围和谐统一，给人一种幽雅宁静感；如图 2-30 所示，家具色彩的运用以对比手法处理，使家具色彩明快，显得活跃有生气。

图 2-29　家具中的色彩调和应用

图 2-30　家具中的色彩对比应用

家具的每一种色彩都具有它自身的性格，彩度高、高明度的色彩常给人一种华丽感；相反，彩度低、低明度的色彩则给人一种朴实感。暖色系高明度的色彩能给人一种面积大的前进感，而如图 2-31 所示中冷色系低明度的色彩能给人一种面积小的后退感。每个人对每种色彩搭配的喜好也用所不同，冷色调可以带给男性更多的阳刚气息，暖色调可以带给女性温柔妩媚的气质，高明度高彩度的色彩可以带给儿童强有力的色彩冲击，而浊色、冷灰色调则成为中年人或文化层次较高人的偏好。

图 2-31　米兰家具展上蓝绿色系一类家具的朴实感觉

此外，色彩形态能够细化家具的使用功能，运用色彩的互补、对比或渐变手法可以达到"视觉忽略"的效果，即一种合乎设计目的的"视错觉"；也可以用这些色彩变化技法与造型细节点、功能延伸处结合来突出家具使用功能的识别，达到一目了然使用的目的。

2.4.3　家具材质对心理的影响

家具材料是形态实现的物质基础，是家具艺术表达的承载方式之一，能用于家具的材料品种已不胜枚举，如传统的家具材料以木材、竹材、石材等自然材料为主。当代家具材料则几乎包括了所有自然材料和人工材料，常见的有木材、金属、塑料、橡胶、玻璃、石材、织物、皮革等。各种新型材料如合成高分子材料、合金材料、复合材料、纳米材料、智能化材料等在家具中均有运用。

不同的材料具有不同的表面特性，材料反映到家具上主要表现在形态的不同上，不同的材料本身所带给人的心理感受不尽相同，对于材料的感觉心理属性指的是材料给人的感觉和印象，是人对材料刺激的主观感受，它建立在生理基础上，是人们通过感觉器官对材料产生的综合印象。如图 2-32 所示的竹藤一类材料是富于韧性的，因而适于编织，在造型上可以充分体现其直线体和曲线体，使人感到这是轻的物体，表面较粗糙，又能给人一种尺度缩小的亲切感，也会令人产生许多情感的联想；如图 2-33 所示的石材、玻璃一类的材料，就会产生力度很重的感觉，这类材料表面很光滑，又会给人一种庄严的感觉。

图 2-32　竹藤材料家具的亲切、轻松感觉

图 2-33　石材材料家具的稳重感觉

由于材料本身所具有的特性，使得家具在加工技术上，通过人工处理令其表面质感更为张扬，光滑的材料带给人流畅之美，粗糙的材料有古朴之貌，柔软的材料有肌肤之感……，材质的处理还能使家具产生软硬感、明暗感、冷暖感等感觉，如图 2-34 所示，织物类材料体现柔软、亲和的感觉特性；如图 2-35 所示，皮革类材料体现浪漫、温暖的情感。

图 2-34　织物材料的柔软特性

图 2-35　皮革材料体现的浪漫、温暖的情感

2.5　课后思考与练习

2.5.1　思考题

1．人体工程学在家具设计中的重要意义是什么？

2．各类不同类型的家具（坐具类、卧具类、凭倚类、储藏类）重要的设计原则分别有哪些？

3．常用家具材料所带给人的不同的感觉特性在家具设计中是如何运用的？

2.5.2　练习题

1．根据家具设计中重要的人体尺度关系实际测量自己的静态人体尺度。

2．运用家具中人体工程学的原理设计一款适合人体尺度比例关系的家用办公椅。

3．根据不同色彩对人心理的影响，为设计好的办公椅提出颜色解决方案。

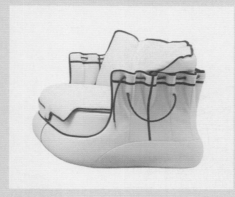

第 3 章 家具的材料与结构

3.1 家具的常用材料与加工工艺

材料是构成家具的物质基础,在家具的发展史上,从用于家具的材料上可以反映出当时的生产力发展水平。通常将家具的常用材料归纳为两大类:一类是天然材料,即不改变在自然界中所保持的状态,或只施加低度加工的材料,如木材、竹、藤、皮革等;另一类是人工材料,即利用天然材料经不同程度的加工而得到的材料,如塑料、玻璃、金属等。

对于家具材料的使用类别不同也将家具材料分为木制家具材料和非木制家具材料两大类,用木材或木质人造板制成的家具称为木质家具;而用上述以外材料制成的家具则称为非木质家具,非木质家具包括塑料家具、金属家具、竹家具、藤家具、软体材料家具(简称软体家具)、玻璃家具、石材家具等。

不论家具材料按照怎样的方式去进行分类,需要注意的是许多家具往往不是由一种材料所构成,因此为保证家具设计的顺利进行,需要了解更多的关于家具的常用材料。

3.1.1 木材

1. 木材的构造

木材是由树木采伐后经初步加工而得到的,是由许多细胞组成的,它们的形态、大小和排列各有不同,使木材的构造极为复杂,成为各向异性的材料。树干是木材的主要部分。如图 3-1 所示,可以看到木材的构造,从不同方向锯切木材就有不同的切面。在无数的切面当中,有价值的典型切面有 3 个,即横切面、径切面和弦切面。在横切面上,年轮呈同心圆形或弧形,在径切面上年轮呈平行的条状,在弦切面上年轮呈抛物线或山峰状的花纹。横切面的板材硬度大、耐磨损,但易折断、难刨削,而且较难达到木家具的尺度要求,因而未被广泛应用。

如图 3-2 所示的木结构家具,桌椅面板是选择木材的弦切面进行加工,弦切面板材面上年轮呈"V"字型花纹,较美观;桌椅腿则选取木材径切板材,径切面木质的收缩小、不易翘曲、木纹挺直,硬度也较好。

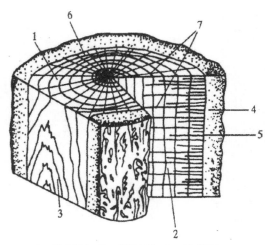

1—横切面；2—径切面；3—弦切面；
4—树皮；5—木质部；6—年轮；7—髓线

图 3-1　木材的构造

图 3-2　木材切面的选用

2．木材的物理特性

（1）质轻：木材的密度因树种不同而不同，比金属、玻璃等材料的密度小得多，因而质轻坚韧，并富有弹性，生长方向的结构强度大，是有效的结构材料。

（2）具有天然的色泽和美丽的花纹：不同树种的木材或同种木材的不同材区，都具有不同的天然悦目的色泽。又因年轮和木纹方向的不同而形成各种粗、细、直、曲形状的纹理，经旋切、刨切等多种方法还能截取或胶拼成种类繁多的花纹。

（3）具有调湿特性：木材由许多长管状细胞组成，在一定温度和相对湿度下，对空气中的湿气具有吸收和放出的平衡调节作用。

（4）隔声吸音性：木材是一种多孔性材料，具有良好的吸音隔声功能。

（5）易加工和涂饰：木材易锯、易刨、易切、易打孔、易组合加工成型，且加工比金属方便。由于木材的管状细胞吸湿受潮，故对涂料的附着力强，易于着色和涂饰。

（6）易变形、易燃：木材由于干缩湿胀容易引起构件尺寸及形状变异和强度变化，会发生开裂、扭曲、翘曲等。木材的着火点低，容易燃烧。

3．木材的感觉特性

（1）木材颜色的视觉心理特性。

木材颜色的变化会产生不同的感觉，明度高的木材，如白桦等，使人以明快、华丽、整洁、高雅和舒畅之感；明度低的木材，如红木等，使人有深沉、稳重、肃雅之感。

温暖感与木材的色调值之间具有较强的正相关，材色中属暖色调的红、黄、橙黄系能给人以温暖感，色饱和度值与木材品质特性联系在一起，木材色饱和度值高则给人以华丽、刺激之感，木材色饱和度值低则给人以素雅、质朴和沉静的感觉。

（2）木材纹理的视觉心理特性。

木纹理是由一些平行但不等间距的线条构成，给人以流畅、井然、轻松、自如的感觉，而且木纹图案又受生长量、年代、气候、立地条件等因素的影响，木材的生长轮宽度和颜色深浅呈现出涨落起伏的变化形式，这种周期中蕴藏变化的图案充分体现了造型规律中变化与统一的规律，赋予了木材以华丽、优美、自然、亲切等视觉心理感觉。

如图 3-3 所示是随意选取的木材的天然纹理，通常木材纹理呈现较低且适度的反差，天然的纹理非但不会产生"平庸"的视觉感，还会呈现"文雅"、"清秀"的视觉感，这些纹理的出现或有"华丽"的视觉感，或有"豪华"、"美"、"自然"的视觉感。

图 3-3　木材的天然纹理

（3）木质材料的触觉环境学特性。

触觉特性包括冷暖感、粗滑感、软硬感、干湿感、轻重感、快感与不快感等。人们与室内木质装饰材料、家具的表面等接触，有特别亲切的感觉，由于木材导热系数适中，正好符合人类活动的需要，给人的感觉最温暖，这是木材给人触觉上的和谐，这也就是人们喜爱用木质材料改善居住环境的重要原因。

4．木材的加工工艺

（1）木制品的基础加工。

木材的加工过程是将木材原材料通过木工手工工具或木工机械设备加工成构件，并将其组装成制品，再经过表面处理、涂饰，最后形成一件完整的木制品的技术过程。

（2）木材加工的基本方法。

1）木材的锯割加工。木材的锯割是木材成型加工中用得最多的一种操作。按设计要求将尺寸较大的原木、板材或方材等沿纵向、横向或按任意曲线进行开锯、分解等，下料时，都要运用锯割加工。如图 3-4 所示，对木材的机械锯割中，图 1 进行的是实木条的裁切，图 2 进行的是板材的截材处理，图 3 则是运用数控雕刻的方法对板材进行数控切割。

图 3-4　木材的机械锯割加工

2）木材的刨削加工。木材经锯割后的表面一般较粗糙且不平整，因此必须进行刨削加工。木材经刨削加工后，可以获得尺寸和形状准确、表面平整光洁的构件。

3）木材的凿、铣加工。木制品构件间结合的基本形式是运用框架榫卯的结构，因此通过凿削来加工木材的榫孔结构；木制品中的各种曲线零件，制作工艺比较复杂，通过铣削既可用来截口、起线、开榫、开槽等直线成型表面加工和平面加工，又可用于曲线外形加工。

（2）木制品的装配。

1）榫结合。

这是木制品中应用广泛的传统结合方式。根据木材干缩湿胀的特点，依靠榫头四壁与榫孔相吻合的方法进行装配。如图 3-5 所示，介绍了榫卯的基本结构，凸出部分叫榫（或榫头），凹进部分叫卯（或榫孔、榫槽）。木材的凿削、铣削加工都是用来完成满足装配条件的结构件。装配时，注意清理榫孔内的残存木渣，榫头和榫孔四壁涂胶层要薄而均匀，装榫头时用力不宜过猛，以防挤裂榫眼。榫结合的优点是传力明确、构造简单、结构外露、便于检查。

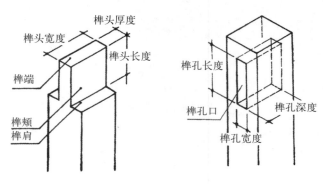

图 3-5　榫头与榫孔

榫结合是木制品特有的连接形式，榫头的种类很多，如图 3-6 所示，就其外形基本形态特征而言，榫头分为燕尾榫、直角榫和圆榫；如图 3-7 所示，根据榫头的数量，榫头被分为单榫、双榫、多榫。根据榫的接合类型进行分类，如图 3-8 所示，根据榫端外露与否分为明榫和暗榫；如图 3-9 所示，根据榫肩的切割形式分为单肩榫、双肩榫、多肩榫、夹榫；如图 3-10 所示，根据能否看到榫头来分，分为开口榫、闭口榫和半开口榫。

根据榫结合的技术，榫头长度是根据接合形式来决定的，当采用明榫接合时，榫头长度等于被接合方材宽度或厚度；圆榫的长度应为榫头直径的 5.5～6.5 倍；燕尾榫长度一般在 15～20mm 之间，榫头顶端大于榫头根部，榫头与榫肩长度的夹角成 80° 角，榫头倾斜角一般不超过 10°；榫头厚度一般按方材的断面尺寸而定，榫孔形状大小根据榫头的形式尺寸而定。

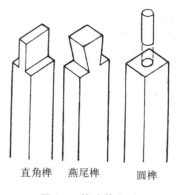

直角榫　燕尾榫　圆榫

图 3-6　榫头的类型

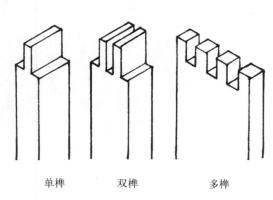

单榫　双榫　多榫

图 3-7　榫头的数量

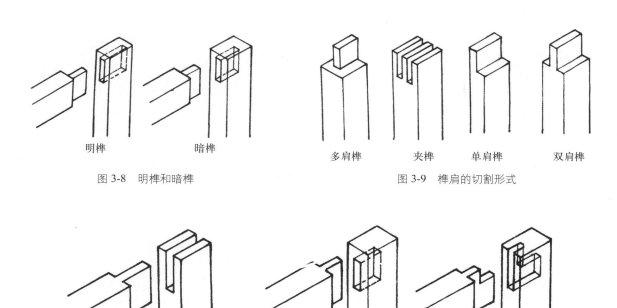

图 3-8　明榫和暗榫　　　　　图 3-9　榫肩的切割形式

图 3-10　开口榫、闭口榫和半开口榫

2）胶结合。胶结合是木制品常用的一种结合方式，主要用于实木板的拼接及榫头和榫孔的胶合。其特点是制作简便、结构牢固、外形美观。装配使用粘合剂时，要根据操作条件、被粘木材种类、所要求的粘接性能、制品的使用条件等合理选择粘合剂。操作过程中，要掌握涂胶量、晾置和陈放、压紧、操作温度、粘接层的厚度五大要素。

3）螺钉与圆钉结合。钉结合多用在结合表面不显露的地方，如板材拼接、桌椅板面安装、榫接合或胶接合时做固定用的辅助方法等。螺钉与圆钉的结合强度取决于木材的硬度和钉的长度，并与木材的纹理有关。木材越硬，钉直径越大，长度越长，沿横纹结合则强度越大，否则强度越小。操作时要合理确定钉的有效长度，并防止构件劈裂。

（3）板材拼接常用的结合方式。

木制品上较宽幅面的板材一般都采用实木板拼接而成。采用实木板拼接时，为减少拼接后的翘曲变形，应尽可能选用材质相近的板料，用胶粘剂或既用胶粘剂又用榫、槽、钉等结构，拼接成具有一定强度的较宽幅面的板材。设计时可根据制品的结构要求、受力形式、胶粘剂种类，以及加工工艺条件等选择。

拼接的结合方式有多种，常用的拼接方式有：如图 3-11 所示，胶拼接合是用胶将小板拼成所需规格的拼板；如图 3-12 所示，榫槽接合拼板是将每块小板一边加工成榫头，另一边加工成榫槽进行拼装组成；如图 3-13 所示，插榫接合拼板是在板的边部钻出方形圆形的孔，将与孔相适应的榫头插入进行接合等。

木材经过基础加工与装配后成型，还需要经过进一步的表面处理。

（4）木材的表面处理。

1）木制品的表面涂饰。

木制品为得到更好的表面效果，需要经过细致的表面处理来提高木质硬度和提高防腐防潮的能力，常用的表面处理方法是进行表面涂饰，如表 3-1 列举出了木制品表面涂饰的重要作用与意义。

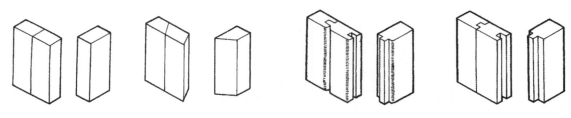

图 3-11　胶拼接合　　　　　　　　　　　　　　　图 3-12　榫槽结合

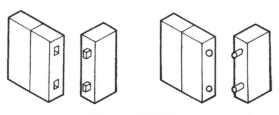

图 3-13　插榫结合

表 3-1　木材表面涂饰的作用与意义

	作用	意义
装饰性	增加天然木质的美感	涂饰后可在木材表面形成光滑并带有光泽的涂层，增加木纹的清晰度
	掩盖缺陷	通过涂饰可以掩盖木材常出现的变色、虫眼、缝隙、沟痕等缺陷
	改变木质感	涂饰后可以将木材仿制出不同的外观效果
保护性	提高硬度	一般木材的耐磨性较差，涂饰后会大大加强木材表面硬度
	防水防潮	涂饰后能大大提高木制品的防水防潮性
	防霉防污	涂饰后能大大改善木材表面的抗污和抗腐蚀性
	保色	保护木材各自美丽的木材本色

2）木制品的表面覆贴。

表面覆贴是将面饰材料通过粘合剂粘贴在木制品表面而成一体的一种装饰方法。表面覆贴工艺是以木制人造板（刨花板、中密度纤维、厚胶合板等）为基材，将基材按设计要求加工成所需的形状，覆贴底面的平衡板，然后用一整张装饰贴面材料对板面和端面进行覆贴封边。后成型加工技术改变了传统的封边或包边方式和生产工艺，可制作圆弧形甚至复杂曲线形的板式家具，使板式家具的外观线条变得柔和、平滑和流畅，一改传统家具直角边的造型，增加外观装饰效果，从而满足了消费者的使用要求和审美要求。

5. 家具常用木材介绍

家具板材的使用通常分为实木板材和人造板材两大类，实木板材是指由天然木材进行加工而获取的木材，使用实木板材制造的家具表面一般都能看到木材美丽的花纹，对实木家具在进行表面处理的时候一般涂饰清漆或亚光漆等来表现木材的天然色泽和纹理。

人造板材是以木料为基材，利用木材在加工过程中产生的边角废料，添加化工胶粘剂制作而成的。人造板材的种类较多，常用的有刨花板、中密度板、细木工板、胶合板等，因各种人造板材的组合结构不同，可克服木材的胀缩、翘曲、开裂等缺点，故在家具中使用具有很多的优越性。

常用的实木板材如下：

（1）珍稀红木类：所谓"红木"，从一开始，就不是某一特定树种的家具，而是明清以来对稀有硬木优质家具的统称。用材包括花梨木、酸枝木、紫檀木等，它们不同程度地呈现黄红色或紫红色，色调深沉，显得稳重大方而美观，如表 3-2 介绍了常用珍贵硬木板材的分类及特性。

表 3-2　珍贵硬木板材特性

类	心材材色	木材图案	木材特性
紫檀木类	紫红色转黑紫色		木材有光泽，稀少具有香气，久露空气后变紫红褐色，纹理交错，结构致密，耐腐、耐久性强，材质硬重细腻
花梨木类	红褐至紫色，常带深色条纹		具轻微或显著轻香气，纹理交错，结构细而匀（南美、非洲略粗），耐磨、耐久性强，硬重强度高，通常浮于水
香枝木类	辛辣香气浓郁，材色红褐		表面有光泽，有辛辣香气；结构细而匀，耐腐强度高
黑酸木类	黑栗褐色，常带黑色条纹		木材有光泽，具酸味或酸香味，纹理斜而交错，密度高，含油腻，坚硬耐磨
红酸木类	红褐色至紫红色		木材有光泽，具酸味或酸香味，纹理斜而交错，密度高，含油腻，坚硬耐磨
鸡翅木类	黑褐或栗褐色，弦面有鸡翅花纹		纹理交错、不清晰，颜色突兀，木材本无香气，生长年轮不明显

类	心材材色	木材图案	木材特性
条纹乌木类	黑褐或栗褐色，间有浅色条纹		木材材色悦目、纹理和谐、结构细而匀、材质重硬、干材尺寸稳定
乌木类	乌黑		乌木本质坚硬，其切面光滑，木纹细腻，打磨得法可达到镜面光亮

（2）常见木类：如表3-3介绍了常用木材的特性。

表3-3　常用木材的特性

木材名称	木材特性
松木	材质轻软，强度适中，结构细致均匀，干燥性好，耐水、耐腐，加工、涂饰、着色、胶结性好。木材气味芳香，心材淡褐色，边材色淡，木质甚轻，木理均匀光滑，易割裂加工，不易收缩，干燥容易，但常有翘曲、干裂现象发生，耐腐性中等
桦木	材质结构细腻而柔和光滑，质地较软或适中；加工性能好，切面光滑，油漆和胶合性能好；具有闪亮的表面和光滑的肌理；木身纯细，略重硬，结构细，力学强度大，富有弹性，吸湿性大，干燥易开裂翘曲
泡桐	材质甚轻软，结构粗，切割面不光滑，干燥性好，不翘裂
椴木	材质略轻软，结构略细，有丝绢光泽，不易开裂，加工、涂饰、着色、胶结性好，不耐腐，干燥时稍有翘曲
水曲柳	呈黄白色或褐色略黄，年轮明显但不均匀，材质略重硬，纹理直，花纹美丽，有光泽，硬度较大，具有弹性、韧性好、耐磨、耐湿等特点，但干燥困难、易翘曲
榆木	花纹美丽，结构粗，加工性、涂饰、胶合性好，干燥性差，易开裂翘曲
柞木	材质坚硬，结构粗，强度高，加工困难，着色、涂饰性好，胶合性差，易干燥，易开裂
榉木	材质坚硬，纹理直，结构细，耐磨有光泽，干燥时不易变形，加工、涂饰、胶合性较好，榉木坚固，抗冲击，蒸汽下易于弯曲，可以制作造型，色调柔和、流畅，比多数普通硬木都重
枫木	重量适中，结构细，加工容易，切削面光滑，涂饰、胶合性较好，干燥时有翘曲现象；枫香木材厚实坚重，富耐久性；树干还可提制一种芳香树蜡
樟木	重量适中，结构细，有香气，干燥时不易变形，加工、涂饰、胶合性较好
黑胡桃木	实际上木材为淡灰褐色至浓深紫褐色。黑胡桃木木理变化万千，形成各种不同花纹，为人们所喜爱，木质重而硬，耐冲撞摩擦，耐腐朽，容易干燥，少变形；易施工，易于胶合
橡木	分为白橡木和红橡木。白橡木为橡类之最具商业价值者，白橡木易油漆，纹理美观具光泽，木材收缩率中庸，干燥作业应注意翘曲与干裂等缺点
楸木	棕眼排列平淡无华，色暗质松软少光泽，但其收缩性小，正可作门芯桌面芯等用；纹理清晰，结构细而匀，耐腐朽强，不变形，不开裂，无异味

下面介绍常用人造板材类，如图 3-14 所示为常用的不同类型的人造板材。

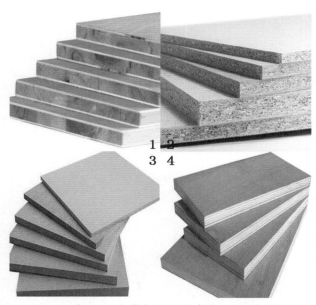

1—木工板，2—刨花板，3—纤维板，4—胶合板

图 3-14 常用的人造板材

（1）木工板（俗称大芯板）：是具有实木板芯的胶合板，如图 3-14（1）所示，其竖向（芯板材走向区分）抗弯压度差，但横向抗弯压强度较高。现在市场上大部分是实心、胶拼、双面砂光、五层的细木工板，是目前装饰中最常使用的板材之一。特性：木工板握螺钉力好，强度高，具有质坚、吸声、绝热等特点，而且含水率不高，在 10% ～ 13% 之间，加工简便，用途最为广泛。

（2）刨花板：刨花板是将各种枝芽、小径木、速生木材、木屑等物切成一定规格的碎片，经过干燥，拌以胶料、硬化剂、防水剂等，在一定的温度、压力下压制成的一种人造板，木削中分木皮木削、甘蔗渣、木材刨花等主料构成，因其剖面类似蜂窝状，所以称为刨花板，如图 3-14（2）所示。

（3）颗粒板：是由木材或其他木质纤维素材料制成的碎料，施加胶粘剂后在热力和压力作用下胶合成的人造板，是以刨花板的工艺生产的板材。均质实木颗粒板的学名叫定向结构刨花板，是一种以小径材、间伐材、木芯、板皮、枝桠材等为原料通过专用设备加工成长 40mm，70mm，宽 5mm，20mm，厚 0.3mm，0.7mm 的刨片，经干燥、施胶和专用的设备将表芯层刨片纵横交错定向铺装后再经热压成型后的一种人造板。

（4）纤维板：纤维板又名密度板，它按密度分为高密度和中密度。平时使用较多的是中等密度纤维板。是以木质纤维或其他植物素纤维为原料，施加茸醛树脂或其他适用的胶粘剂制成的人造板，如图 3-14（3）所示。制造过程中可以施加胶粘剂和（或）添加剂。纤维板具有材质均匀、纵横强度差小、不易开裂等优点；缺点是背面有网纹，造成板材两面表面积不等，吸湿后因产生膨胀力差异而使板材翘曲变形。

（5）胶合板（也称多层实木板）：由三层或多层的单板或薄板的木板胶贴热压制而成。夹板一般分为 3 厘板、5 厘板、9 厘板、12 厘板、15 厘板和 18 厘板六种规格（1 厘即为 1mm），是目前手工制作家具最为常用的材料，如图 3-14（4）所示。多层实木板以纵横交错排列的多层胶合板为基材，表面以优质实木贴皮或科技木为面料，经冷压、热压、砂光、养生等数道工序制作而成，一般压合时采用横、竖交叉压合，目的是起到增强强度的作用。由于多层实木板具有变形小、强度大、内在质量好、平整度好等特点以及良好的调节室内温度和湿度的优良性能，面层实木贴皮材料又具有自然真实木质的纹理及手感，所以选择性更强。

6．木材的加工成型工艺过程实例

根据如图 3-15 所示的家具座椅计算机模型图分析该座椅的结构曲线，并根据需要对座椅加工进行材料的分析；如图 3-16 所示介绍了该座椅的加工全过程，从上至下，从左至右分别是首先根据家具曲线结构制作支撑构架，抓住重要转折结构，其后将切割后的加工板材通过胶结合的接合方式依次进行粘接，为使座椅表面呈现出有韵律的分割节点，条形板材的粘接按照比例错位组合，将完成后的座椅造型经过夹固，待胶牢固后粘接完毕；其次按照同样的加工工艺办法生产制造内芯的木材构架；再次将该座椅的内外结构统一固定，并最终进行表面的涂饰处理，由此如图 3-17 所示的休闲座椅加工完成。

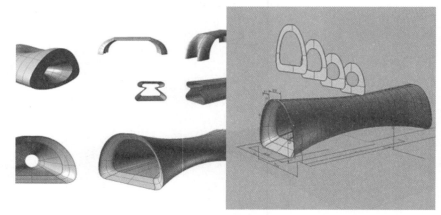

图 3-15　座椅设计图

图 3-16　座椅制造工艺流程

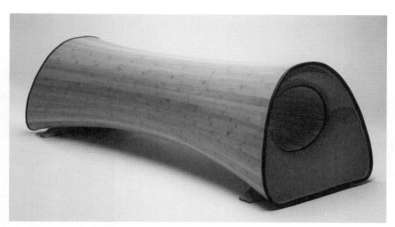

图 3-17　座椅制造完成效果

3.1.2　金属

1. 金属材料的物理特性

金属材料是金属及其合金的总称。金属的特性是由金属结合键的性质所决定的。金属的特性表现在：金属材料几乎都是具有晶格结构的固体，由金属键结合而成，是电与热的良导体，金属材料表面具有金属所特有的色彩与光泽，具有良好的延展性，金属可以制成金属间化合物，可以与其他金属或氢、硼、碳、氮、氧、磷、硫等非金属元素在熔融态下形成合金，以改善金属的性能。金属材料的工艺性能优良，金属材料能够依照设计者的构思实现多种造型。

2. 金属材料制作家具的常用成型方法

（1）铸造：是将熔融态金属浇入铸型后，冷却凝固成为具有一定形状铸件的工艺方法。现代工业生产中，铸造是生产金属零件毛坯的主要工艺方法之一，与其他工艺方法相比，铸造成型生产成本低、工艺灵活性大、适应性强，适合生产不同材料、形状和重量的铸件，并适合于批量生产。

（2）金属塑性加工：又称金属压力加工。是在外力作用下，金属坯料发生塑性变形，从而获得具有一定形状、尺寸和机械性能的毛坯或零件的加工方法。其特点是：在成型的同时，能改善材料的组织结构和性能，产品可直接制取或便于加工，无切削，金属损耗小。

（3）切削加工：又称为冷加工。是利用切削刀具在切削机床上（或用手工）将金属工件的多余加工量切去，以达到规定的形状、尺寸和表面质量的工艺过程。按加工方式分为车削、铣削、刨削、磨削、钻削、镗削、钳工等，是最常见的金属加工方法。

3. 金属材料的接合方式

（1）焊接合：是目前金属骨架构件接合的主要方法之一，焊接加工是充分利用金属材料在高温作用下易熔化的特性，使金属与金属发生相互连接的一种工艺，是金属加工的一种辅助手段。

（2）螺栓连接：也是金属家具中应用极多的接合方法之一，按接合件特征可分为螺钉螺母接合和管螺纹接合两种。如图 3-18 所示是使用螺钉螺母连接的结构示意图，如图 3-19 所示是管螺纹连接构件图。螺纹连接除用于零件间的接合外，还用于零件位置的调节。

（3）铆接合：指的是运用铆钉进行接合，常用于接合强度要求不太高的金属薄板接合，铆接除了用于两个或多个零件间的固定接合外，还用于活动连接部位，将铆钉作为活动连接部位的铰轴。如图 3-20 所示是金属材料的铆钉接合示意图。

（4）插接合：是通过插接头将两个或多个零件连接在一起，插接头与零件间常常采用过盈配合，有时也有在零件的侧向用螺钉或轴销锁住插接头以提高插接强度，如图 3-21 所示是金属管材插接合的示意图。

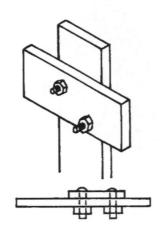

图 3-18　螺钉螺母连接结构

图 3-19　管螺纹连接

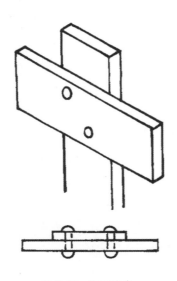

图 3-20　铆钉接合

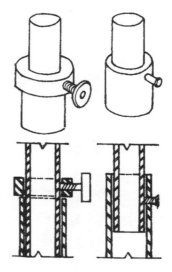

图 3-21　插接合

4．金属材料的表面处理技术

金属材料表面处理及装饰的功效一方面是保护作用，另一方面是装饰作用，主要分为表面着色工艺和肌理工艺。在对金属材料或制品进行表面处理之前，应有前处理或预处理工序，以使金属材料或制品的表面达到可以进行表面处理的状态。金属制品表面的前处理工艺和方法很多，金属表面着色工艺是采用化学、电解、物理、机械、热处理等方法，使金属表面形成各种色泽的膜层、镀层或涂层。金属表面肌理工艺是通过锻打、刻划、打磨、腐蚀等工艺在金属表面制作出肌理效果。

5．金属材料在家具中的应用

（1）支架式家具形态常用金属材料。

普通钢材：钢是由铁和碳组成的合金，其强度和韧性都比铁高，因此最适宜于做家具的主体结构。钢材有许多不同的品种和等级，一般用于家具的钢材是优质碳素结构钢或合金结构钢。在加工过程中，结构部分的钢材都做成管状，这是因为这样可以减轻重量，增加强度和韧性。常见的有方管、圆管等。

其壁厚根据不同的要求而不等。钢材在成型后，一般还要经过表面处理才能变得完美。最常见的处理方法有电镀、腐蚀、压印花、喷漆、喷塑等。

不锈钢材：在现代家具制作中，不锈钢的运用也是越来越广泛。通俗地说，不锈钢材就是不容易生锈的钢材，不锈钢材的不锈性和耐蚀性是由于其表面上富铬氧化膜（钝化膜）的形成，其耐腐蚀性强、表面光洁程度高，一般常用来做家具的面饰材料。不锈钢的强度和韧性都不如钢材，做结构和承重部分的材料是要根据承重程度合理选择的。

铝材：铝属于有色金属中的轻金属，银白色，相对密度小。铝的耐腐蚀性比较强，便于铸造加工，并可染色。在铝中加入镁、铜、锰、锌、硅等元素组成铝合金后，其化学性质变了，机械性能也明显提高。铝合金可制成平板、波形板或压型板，也可压延成各种断面的型材，表面光滑、光泽中等、耐腐性强。常用于家具的铝合金材料成本比较低廉，其由于强度和韧性均不高，所以很少用来做承重的结构部件，即使有此用途，也常配以板材以增加其稳定性，以免受力变形。

铜材：铜材在家具中的运用历史悠久，应用广泛。铜材表面光滑，光泽中等、温和，有很好的传热性质，经磨光处理后表面可制成亮度很高的镜面铜。铜常被用于制作家具附件、饰件。由于其金黄色的外表，使家具看上去有一种富丽、华贵的效果。常用的铜合金种类有：纯铜———性软、表面平滑、光泽中等；黄铜——是铜与亚铝合金，耐腐蚀性好；青铜——铜锡合金。

（2）板式家具形态常用金属材料（五金配件）。

板式家具五金件的品种十分繁多，据不完全统计品种多达上万余种，但归纳起来大致有装饰用五金件和结构用五金件。装饰用五金件一般安装在板式家具的外表面，主要起装饰与点缀作用。典型的品种有拉手与扣手、表面装饰贴件、装饰镶边条、装饰盖帽与盖板等。

结构用五金件是指连接板式家具骨架结构板件、功能部件的五金件，是板式家具中最关键的五金件。结构五金件根据作用不同，有紧固连接的作用、调节位置的作用、活动连接的作用、吊挂支托的作用等。常见的有铰链及合页、家具锁及插销、厨房家具功能性五金、客厅及卧房家具五金、抽屉路轨、移折门及卷联门五金、办公家具五金、家具脚及腿、内装饰五金及展厅家具五金、各种镙钉及工具等。如图 3-22 所示是现代家具的常用五金件。

6. 金属家具生产工艺及结构实例分析

金属家具的生产工艺流程比较复杂，多的时候有几十道工序，现在将代表性的工序用图片的方式表现出来。如图 3-23 所示，首先对金属管材进行切割，金属家具大量采用各种规格的圆管、方管、异形管，需要先将它们切割成需要的长度；然后根据设计需要对金属部件进行加工，如图 3-24 所示的弯管，一般金属家具的管材的壁较薄，为避免管壁皱褶，降低管材的强度，金属家具工厂采用专门的管材弯管机进行弯曲；管材加工部件完成后，应根据装配需要对金属管材工艺孔及凹位进行钻孔和铣削加工，如图 3-25 所示；为基本构架组建成型，采用焊接的加工形式，如图 3-26 所示金属家具（主要是不锈钢）的焊接一般采用氩弧焊、二氧化碳保护焊；不锈钢部件完成后，要进行抛光作业，以将加工过程产生的表面损伤抛磨干净并产生金属光泽，获得光亮如新的零部件，如图 3-27 所示；由于金属零部件在加工过程中会在表面产生锈迹、油迹，对喷涂或者电镀的涂层的结合能力产生很大的影响，一般在喷涂、喷塑或者电镀前必须进行酸洗、中和磷化的作业，如图 3-28 所示；普通管材一般用喷涂、喷塑的方法进行表面处理，喷涂、喷塑后必须经过高温烘烤才能产生牢固、光亮平整的表面效果，如图 3-29 所示；若金属构架需要与其他软体织物等材料复合，还需要经过进一步的组装，反之金属家具制作工艺才接近尾声，如图 3-30 所示。

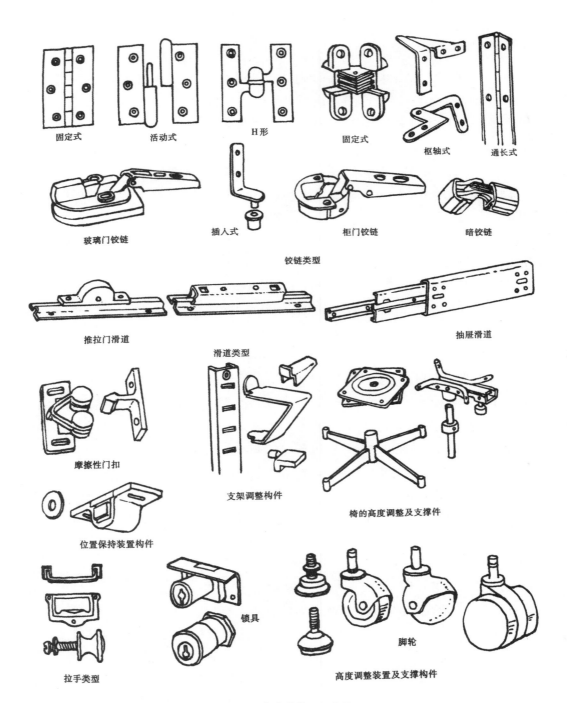

固定式　　　　活动式　　　　H形　　　　固定式　　　　枢轴式　　通长式

玻璃门铰链　　　插人式　　　柜门铰链　　　暗铰链

铰链类型

推拉门滑道　　　　　　　　　　　　　抽屉滑道

滑道类型

摩擦性门扣

支架调整构件

椅的高度调整及支撑件

位置保持装置构件

锁具

拉手类型

脚轮

高度调整装置及支撑构件

图 3-22　现代家具常用五金件

图 3-23　管材切割

图 3-24　部件加工

图 3-25　铣削加工

图 3-26 焊接加工

图 3-27 抛光加工

图 3-28 酸洗、磷化处理

图 3-29 喷漆、烤漆处理

图 3-30 金属家具生产完成图

3.1.3 塑料

塑料是以合成树脂为主要成分，适当加入填料、增塑剂、稳定剂、润滑剂、色料等添加剂，在一定温度和压力下塑制成型的一类高分子材料。合成树脂是人工合成的高分子化合物，是塑料的基本原料，起着胶粘作用，能将其他组分胶结成一个整体，并决定塑料的基本性能。添加剂的加入，可改善塑料的某些性能，以获得满足使用要求的塑料制品。

1. 塑料的基本特性

塑料具有良好的综合特性，塑料质轻，比强度高（比强度是指强度与密度的比值）；多数塑料制品有透明性，并富有光泽，能着鲜艳色彩，大多数塑料可制成透明或半透明制品，可以任意着色，且着色坚固，不易变色；大多数塑料具有优良的耐磨和润滑特性，塑料通过加热、加压可塑制成各种形状的制品，易进行切削、焊接、表面处理等二次加工，精加工成本低，用塑料制品代替金属制品可以节约大量金属材料。

2. 塑料制作家具的常用成型方法

塑料成型是将不同形态（粉状、粒状、溶液或分散体）的塑料原料按不同方式制成所需形状的坯件，是塑料制品生产的关键环节。由于塑料加热后具有软化直至流动的特性，因而易于模塑成型加工，塑料家具生产中常用的成型方法有：

（1）注射成型：又称注塑成型，是塑料的主要成型方法之一。其原理是利用注射机中螺杆或柱塞的运动，将料筒内已加热塑化的粘流态塑料用较高的压力和速度注入到预先合模的模腔内，冷却硬化后成为所需的制品，如图 3-31 所示为塑料注射成型的示意图和运用注射成型可一次性成型的潘顿椅。

（2）挤出成型：又称挤塑成型，主要适合于热塑性塑料成型，也适合于一部分流动性较好的热固性塑料和增强塑料的成型。其原理是利用机筒内螺杆的旋转运动，使熔融塑料在压力作用下连续通过挤出模的型孔或口模，待冷却定型硬化后而得到各种断面形状的制品。

（3）滚塑成型：将粉状或糊状或单体物料注入模内，通过对模具的加热和双轴滚动旋转使物料借自身重力作用均匀地布满模具内腔并且熔融，待冷却后脱模而得到中空制品。如图 3-32 所示为塑料滚塑成型的示意图和运用滚塑成型可一次性成型的中空儿童座椅。

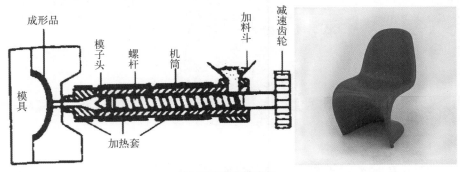

图 3-31　注射成型

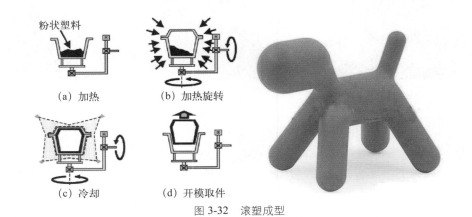

（a）加热　　　　　　（b）加热旋转

（c）冷却　　　　　　（d）开模取件

图 3-32　滚塑成型

（4）压延成型：利用一对或数对相对旋转的加热辊筒，将热塑性塑料塑化并延展成一定厚度和宽度的薄型材料，多用于生产塑料家具中使用的软材料等。

3．塑料家具的接合方法

胶接合是用聚氨醋、环氧树脂等高强度胶粘剂涂于接合面上，将两个零件胶合在一起的方法。

螺纹接合是塑料家具中常用的接合方法，通常塑料零件上直接加工出螺纹的接合结构，通过不同类型的金属螺钉直接进行连接，实现紧固接合。

卡式接合是将带有倒刺的零件沿箭头方向压入另一个零件借助塑料的弹性倒刺滑入凹口内，完成连接。金属管插入塑料零件的预留孔内，金属管与塑料零件上的孔之间采用过盈配合，以便获得较大的握紧力。

4．常用的塑料家具材料

家具中应用高分子材料的例子十分普遍，如图 3-33 所示是高分子材料书架，高分子材料中的塑料材料类别也很多，如 ABS、PP、PVC、PU 等，不同材料适应范围不同。

ABS：俗名工程塑料，可用于连接件、座椅背、座板，它是塑料中能进行电镀（水镀）的主要原料。

PP：俗名聚丙烯，用于五星脚、扶手、脚垫，以及强度要求不高的连接件。缺点是耐磨性差、表面硬度低。

PVC：俗名聚氯乙烯，主要用于封边件、插条件。它适应于挤出成型，同时 PVC 材料属塑料件中的不燃材料，加工成型温度稳定性差，特别是颜色的稳定性不好。

PU：俗名聚氨酯，主要用于扶手（发泡）配件。

POM：俗名赛钢，主要用于耐磨件如脚垫、脚轮、门铰、合页等。性能耐磨、耐压，但尺寸稳定性较差。

PA：俗名尼龙，主要用作脚垫、五星爪、脚轮等耐磨、寿命要求高的地方。特点是耐磨、耐压、高强度室内使用寿命长。

PMMA：有机玻璃（俗称亚加力）。塑料中有五种透明材料，而 PMMA 是其中透明度最高的一种，工件切割时有醋酸味，加工变形容易，用开水浸泡能整形变弯。缺点是表面易划伤，硬度偏低，弯曲时容易龟裂。

PC：俗称聚碳酸酯。该品种也属于透明材料，表面硬度高、耐划伤、耐冲击力强、强度高、耐候性好（即不怕阳光照射）。家具中的屏风隔板、阳光板便是此材料中空挤塑成型的。

3.1.4　软材料

1. 海绵类

家具中常用的海绵种类很多，通常做支承类家具的垫材，表面包裹其他的软材料，常用的海绵类材料有发泡绵、定型绵、橡胶绵等，如图 3-34 所示为海绵类材料在家具中的结构应用。

（1）发泡绵：此材料用聚醚发泡成型，像发泡面包一样。可用机械设备发泡也可人工用木板围住发泡，经发泡的绵好像一块方型大面包一样，使用切片机经过切片工序，按不同要求切削厚度，发泡绵也可调整软硬度。

（2）定型绵：此材料绵由聚氨酸材料经发泡剂等多种添加剂混合，压挤入简易模具加温即可压出不同形状的海绵，它适合用作转椅沙发座垫、背绵，也有少量扶手也用定型绵制作。

海绵弹性硬度可以调整，依产品部位的不同进行调整。一般座绵硬度较高，密度较大，背绵次之，枕绵更软。

（3）橡胶绵：采用的主料是天然乳胶原料发泡而成，具有橡胶特性、弹力极好、回弹性好、不会变形，但价格不菲，比发泡绵高出 3 ～ 4 倍。

图 3-33　高分子材料书架

图 3-34　常见海绵类软材料应用结构

2. 皮革类

如图 3-35 所示是革类材料在家具中的应用。

（1）天然皮革：天然皮革主要指各种动物皮经过加工而成。目前，家具中用皮以牛皮为主，它的外观与人造皮革有一致要求，但它的抗张力、撕裂强度均比人造皮革好。缺点是外观花纹不均匀，特别是小牛皮也有局部疤痕存在，有缺陷的疤周边的皮即弹性较差。天然皮也按厚度分头层皮和二层皮，头层皮即为动物皮表面，弹性柔软性好，价格较高，厚度为 0.8 ～ 1.5mm 之间；二层皮为动物皮削去表面皮之外的皮，厚度为 2.8 ～ 3.5mm 不等，弹性差，但强度好。

（2）人造皮革：俗称仿皮，它也按照厚度进行分类，人造皮革本质上也是高分子塑料 PVC、PE、PP 等，吹膜成型并经过表面喷涂各种色浆。人造皮革表面平滑、柔软、有弹性、无异味。

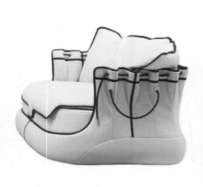

图 3-35　皮革类材料在家具中的应用

3．布类

（1）人造化纤布，有九大类，即聚酰氨、聚酯、聚氨酯、聚尿、聚甲醛、聚丙烯腈、聚乙烯酸、聚氯乙烯、氟类。其实，人造化纤本质上即为上述九类高分子材料（与塑料同属一类原材料）经纺丝编织而成，所有化纤布质量指标分为细度、强度、回弹性、吸湿度、初始模量，前四个指标为重要质量参数。

吸湿性低材料：丙纶（聚丙烯）、维纶、涤纶，用此类材料适合潮湿气候及地区。

耐热性好材料：涤纶、腈纶（聚丙烯腈），用此类材料适合热带及高温作业环境。

耐光性好材料：腈纶、维纶、涤纶，适应室外环境产品，如沙滩椅。

抗碱性好材料：聚酰氨纤维、丙纶、氯纶（聚氯烯纤维）。

抗酸性好材料：腈纶、丙纶、涤纶。

不容易发霉：维轮、涤纶、聚酰氨纤维，适应潮湿的地方。

耐磨性好材料：氯纶、丙纶、维纶、涤沦、聚酰氨纤维。

伸长率好材料：氯纶、维纶。

（2）天然纤维布：有棉、麻、羊毛、石棉纤维，而适合家具中使用的也只有棉、麻两大类，天然纤维布的特点是环保、保温性好、耐磨性好，棉麻耐碱性好但麻耐酸性差，而毛的耐光性也不好。天然纤维布比人造化纤布价格略高一点。

如图 3-36 所示，意大利家具公司 Campeggi 发布的这款多功能沙发称为 Sosia，由米兰设计师 Emanuele Magini 设计。由一套沙发、床、椅子还有一块可以变形的织物布幕组成，该产品可以让你拥有一种灵活性的生活，织物的墙可以变换成各种造型，让你每一天都有不一样的感觉，还能让你在小空间里感受到大空间的感觉，它的织物围墙把配套的家具围起来，就成了一间独立的房间，让你充分享受个人的生活空间。

3.1.5　玻璃

1．玻璃材料的特性

玻璃是一种较为透明的固体物质，在熔融时形成连续网络结构，是冷却过程中粘度逐渐增大并硬化而不结晶的硅酸盐类非金属材料。玻璃具有一系列的优良特性：硬度较大，硬度仅次于金刚石、碳化硅等材料；是一种高度透明的物质，具有一定的光学常数、光谱特性，具有吸收或透过紫外线和红外线、感光、光变色、光储存和显示等重要光学性能；玻璃的化学性质较稳定。玻璃是一种脆性材料，玻璃的抗张强度较低。

图 3-36　布类材料在设计中的应用

　　玻璃的通透性可减少空间的压迫感，玻璃材料的家具在居室面积较小的房间中更加适宜，玻璃材料不仅在厚度、透明度上得到了突破，使得玻璃制作的家具兼有可靠性和实用性，并且在制作中注入了艺术的效果，使玻璃家具在发挥家具的实用性的同时，更具有装饰美化居室的效果。

　　2．家具中常用玻璃材料的成型方法

　　玻璃的成型工艺视制品的种类而异，但其过程基本上可分为配料、熔化和成型三个阶段，一般采用连续性的工艺过程，大多数玻璃都是由矿物原料和化工原料经高温熔融，然后急剧冷却而形成的。

　　玻璃类产品依不同生产工艺有平板玻璃、吹制玻璃两大类。通常吹制玻璃适用于成型中空造型且体积不宜过大，吹制玻璃做工艺品等立体造型较多，因此家具产品中玻璃使用形态以平板玻璃为主。

　　平板玻璃是以硅酸盐为原材料，经 1300℃高温炉溶融成液体，流经锡水表面成型，俗称浮化玻璃。平板玻璃制造中越薄（低于 3mm 以下）难度越大，而太厚（超过 15mm）也难度大，因此市场上此二者造价较高。平板玻璃经过热弯、钢化、粘接等处理，从而使"平面"变为"立体"效果。

　　（1）玻璃热弯：指平板玻璃在 500℃左右开始软化时，用模具轻轻压下即达到需要变形效果，热弯工艺过程中不同工厂及设备不一致，热弯的平板玻璃应先进行磨边或喷砂处理。

　　（2）玻璃钢化：指玻璃在 900℃左右进行急降温处理。其特点是：玻璃破碎后没有尖角，同时玻璃耐温性提高到 300℃不破裂，其强度也大大提高约 10 倍。

　　（3）玻璃粘接：指采用 UV 胶水，经紫外光照射固化，经粘接后玻璃可耐 200kg 以上拉力，粘接材料做到玻璃与玻璃，玻璃与金属均可粘接。

　　（4）玻璃切割：平板玻璃采用金刚石（即普通玻璃刀）、高速水进行切割，经切割后玻璃各边可进行磨边处理，如磨直边、斜边、圆边、鸭嘴边、钻孔。平板玻璃表面也可进行磨砂、丝印喷漆、烤漆、雕刻处理等艺术处理形式。

　　3．家具中常用玻璃材料的艺术加工效果

　　（1）磨砂效果：平板玻璃中采用机械磨砂，实际效果是磨砂砂粒太粗，易起手痕，而采用化学磨砂即采用含氟等药水浸泡而成，优点是不会产生手印、砂粒细腻，该工艺结合丝面即可做出各种图案、文字。

　　（2）压花效果：压花即采用模具中的各种花纹、图案，利用玻璃达到热弯变形温度，经机压而成。目前各种花纹图案很多，也可自行设计制模压花，压花玻璃实质上是热弯中的一种特例。

　　（3）喷涂效果：喷涂效果有两种，一种是透明彩色效果，另一种是单色不透明效果。喷涂本质上是玻璃蚀剂加上彩的效果，它不能改变玻璃表面，不涉及玻璃结构本质。

（4）烤漆效果：即对玻璃表面进行喷漆处理。为了提高漆层附着力，经喷漆玻璃应进入烘炉烤干，从而达到永久性附着效果。

（5）烤花效果：利用透明薄膜将图案印刷上去，并粘贴到玻璃表面，经高温烘烤，薄膜碳化，而图案、文字即留于表面。

3.1.6　纸板

纸质材料是家具艺术创造的新载体，从纸质材料家具的发展状况入手，纸材家具具有创造、舒适、方便、灵活、实用、美观、节省空间的多功能性和节约材料能源、可持续发展的环保性，纸质材料家具具有广阔的发展前景。

1. 纸板家具的特性

纸质家具的主要材料是牛皮纸、海报、包装纸和木材纤维等，将其收集起来进行化学处理后，再经压缩处理制成坚硬结实的纸板，纸板的强度较高，一般具有较好的抗张强度、耐破度和耐折度等物理性能，通过划样、裁切、刻痕、折叠、粘贴等工序，通常采用胶合、插接、折叠以及借助相应连接件等方式连接、组装成型各种造型，可通过喷涂、手绘、印刷、覆膜、贴面、烫印等多种方式进行表面处理，在形成良好视觉效果的前提下又具有防潮、防污的保护作用。纸板合理的结构设计能满足一定的承重要求，纸板家具实用又经济，回收利用工艺成熟，轻巧、可拆卸、价格便宜，重要的是纸板家具生产有利于节约资源和减少家具生产废物排量，减少甚至避免对环境造成污染，是极具潜力的环保产品。纸质家具的颜色可任意调制，还兼备木材及纺织物的质感，给人以舒适、惬意的感受。

2. 纸板家具的结构

不同的构成方式形成不同的产品形态，家具整体部件都是通过零件相互结合而形成的，因此，家具外观形态间接或直接受其结构形式的影响，其中部件、整体间的结构特征对家具形态起决定性作用，纸板家具按照其结构形式可分为插接纸板家具、折叠纸板家具、层叠纸板家具、组合式纸板家具四大类。

（1）插接纸板家具：插接纸板家具是由多个纸板部件通过插和接的方式进行固定组合而成的，如图 3-37 所示。其部件形态可采用直线、圆和弧线构成的几何图形，主要受力面为三角支撑，通过纸板部件的卡口插接连接而成，插接纸板也可借助相应附属插销部件进行固定结合。插和接的特点是不使用胶粘剂而进行的面面固定方法，是纸板家具制作的常用方法之一，纸板插接方式灵活多样。

图 3-37　插接纸板座椅

（2）折叠纸板家具：折叠纸板家具是把经过划线、压痕、模切后的纸板，通过以折为主的方式组合构成立体纸质家具。折是在切的基础之上对纸板的再次加工，如图 3-38 所示为折叠纸板家具，依据造型设计图版进行特定目的的切和折，最终形成符合目的的立体纸板家具。如图 3-39 所示是由瑞士建筑师 Nicola 设计的折叠纸板家具，让家具变成在家就可以亲手制作。

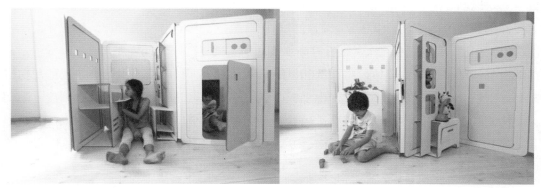

图 3-38　折叠纸板家具

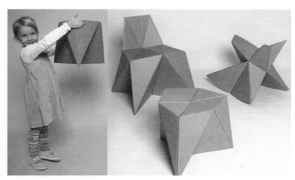

图 3-39　折叠纸板座椅

（3）层叠纸板家具：层叠纸板家具是由众多相同或不同的模板，根据具体所用材料的特性通过贴合叠加而成。贴是纸板家具制作的重要方法之一，也是面与面固定常用的方法，面与面的贴合有效地增强了纸板家具的结构强度，提高其承重能力。层叠纸板家具对纸板自身强度、物理性能的要求相对较低，承重能力强。如图 3-40 所示是由 ArnoMathies 设计师设计的一系列 Gruff 层叠纸板家具，其坚固性和承重能力和木质家具相比不分上下，且美观时尚也毫不逊色，备受人们关注。

图 3-40　层叠纸板家具

（4）组合纸板家具：组合纸板家具是指将家具整体形态分解成若干个零部件，计算出零部件尺寸及相应的插接、压痕线位置，最后将零部件按照设计要求有序组合成一个有机整体的立体形态，形成组合式纸板家具。

3. 纸板家具的常用材料

纸板家具是以高强度的厚纸板为基础材料，根据已有的造型设计版式通过合理的组合方式或利用合理的连接件组装成型的家具，纸板家具的材料选择对纸板家具的造型设计、结构设计、制作工艺起着关键性作用，通常以瓦楞纸板、蜂窝纸板等高强度和加工性能良好的纸板作为纸板家具的基础材料。

瓦楞纸板是一个多层的粘合体，将面纸和里纸，以及两个平行的平面中间夹着通过瓦楞辊加工成波形的瓦楞芯纸粘合而制成瓦楞纸板，使得纸板中呈空心结构，具有较好的弹性和强度，瓦楞纸板以其强度、结构化和加工适应性高以及印刷适应性好等优越性而被广泛应用于包装和纸板家具中，如图3-41所示是英国曼彻斯特Lazerian设计工作室的家具设计师Liam Hopkins和艺术家Richard Sweeney最近运用瓦楞纸制作的纸板家具。

图3-41 瓦楞纸板家具

蜂窝纸板是由高强度蜂窝纸芯和各种高强度的牛皮纸复合而成的新型夹层结构的环保节能材料，其由两层面纸和自然蜂窝状纸芯中间夹层，通过胶合剂粘合而形成三层结构的纸板，这一点与单瓦楞纸板结构相似。蜂窝纸板的最重要组成部分是中间纸芯，它借鉴的是自然界蜂巢的结构原理，同时通过对特定规格的条状蜂窝原纸采用胶接、拉伸成型和固定等加工工艺制作而成。蜂巢构造形式的纸芯，在很大程度上决定了蜂窝纸板的性能。

除瓦楞纸板、蜂窝纸板外，纸板家具通常以灰底白板纸、草纸板和黄纸板等厚度重量大、挺度好的高强度纸板作为基础材料。但因受纸板幅面以及耐折性能的限制，其适合采用穿插、层叠等结构形式，不宜采用折叠结构。

3.2 家具的结构

结构是指产品或物体各元素之间的构成方式和接合方式。结构设计就是在制作产品前预先规划、确定或选择连接方式和构成形式，并用适当的方式表达出来的全过程。家具产品通常都是由若干个零部件按照功能与构图要求，通过一定的接合方式组装构成的。家具产品的接合方式多种多样，且各有优势和缺陷。零部件接合方式的合理与否将直接影响到产品的强度、稳定性、实现产品的难易程度（加工工艺），以及产品的外在形式（造型）。产品的零部件需要用原材料制作，而材料的差异将导致连接方式的不同。家具是一种实用产品，在使用过程中必须要有一定的稳定性。由于使用者的爱好不同，家具产品具有各种不同的风格类型。不同类型的产品有不同的连接、构成方式。相同的产品，也可采用不同的连接方式。家具不仅是一种产品，也是一种商品。在生产制造、运输、销售过程中，也要考虑到经济成本。主要的家具结构有如下几种：框架结构、板式结构、折叠结构、充气结构和弯曲结构。

3.2.1　框架结构

家具中的框架结构是指主要采用框架作为承力和支撑结构，用方材接合成家具所需的基本框架，通过榫卯接合构成木框受力体系。我国的古典家具绝大多数都是框架式家具。榫卯结构使中国传统家具呈现出丰厚的文化底蕴。传统家具的榫卯结构形式呈现缤纷的特点，榫卯结构被描绘成一种凹凸关系、阴阳关系、异性关系、社会关系、生态关系。家具实现框架结构，进行框架接合的方式有很多，例如在对框角进行接合的时候，可以选用如图 3-42 所示的方材直角的接合办法，也可以采用如图 3-43 所示的方材斜角的接合办法。

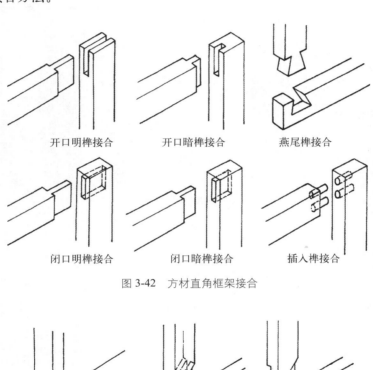

开口明榫接合　　　　开口暗榫接合　　　　燕尾榫接合

闭口明榫接合　　　　闭口暗榫接合　　　　插入榫接合

图 3-42　方材直角框架接合

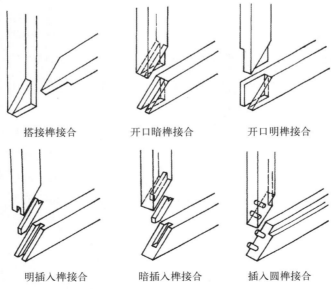

搭接榫接合　　　　开口暗榫接合　　　　开口明榫接合

明插入榫接合　　　　暗插入榫接合　　　　插入圆榫接合

图 3-43　方材斜角框架接合

框架式的家具结构具有稳定性强、受力好、立体感突出、连接方便等优点，广泛应用于实木家具的制作，如图 3-44 所示为常见家具中的框架结构。框架结构的缺点是加工复杂、效率低、易因气候变化而产生松动、不易拆卸。

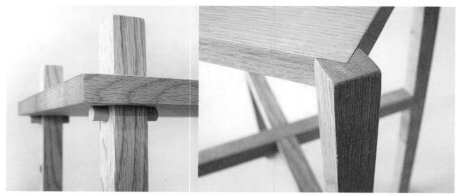

图 3-44　现代家具中框架结构的应用

3.2.2　板式结构

家具中的板式结构是指使用板件作为主体结构件并且使用标准的零部件加上接口（五金件）组合而成，家具的受力由板式部件承担或由部件与连接件共同承担，如图 3-45 所示为文件柜的板式结构分析图。

板式结构的家具被称为板式家具，通常泛指 KO（KNOCK-DOWN）拆装家具和 RTA（READY-TO-ASSEMBLE）待装家具。板式部件的主要原材料是人造板材，原材料的形状、尺寸、结构及物理力学等特性决定了板式家具的板式部件的固定连接要采用圆孔、五金件进行连接，如图 3-46 所示为板式结构的常用五金连接件，包含固定使用的格式螺钉。

用于板式结构的连接有很多方法，如图 3-47 所示介绍了板式家具螺栓的接合形式，体现出板式家具方便拆装的结构，应用各种五金连接件将板式部件有序地连接成一体简化了结构和加工工艺，便于机械化和自动化生产，成为当今家具企业生产选择的最主要结构形式，便于木材资源的有效利用和高效生产的结构特点，适于生产、安装、运输、包装等多种生产和辅助环节要求，能够实现在世界范围内生产与销售的统一。

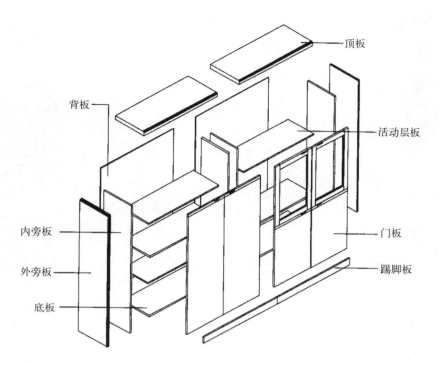

顶板

背板

活动层板

内旁板

外旁板

门板

底板

踢脚板

图 3-45　文件柜的板式结构爆炸分析图

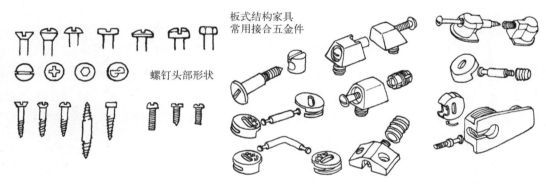

板式结构家具
常用接合五金件

螺钉头部形状

图 3-46　板式结构常用的接合件

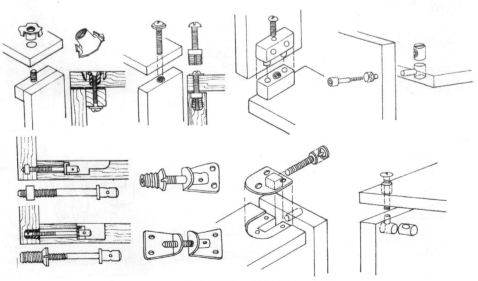

图 3-47　板式结构常用的螺栓接合形式

板式家具的结构造型富于变化，质量稳定，形成了结构简洁、接合牢固、拆装自由、包装运输方便、互换性与扩展性强、利于实现标准化设计的特点，如图 3-48 所示为家具使用广泛的板式结构。

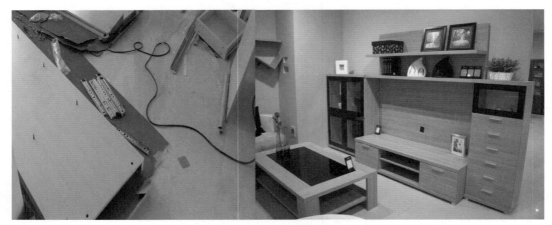

图 3-48　板式家具的安装和展示

3.2.3　折叠结构

在家具设计中我们经常以"折叠"一词来表达一类或有折或有叠的结构，折叠结构家具的特点是便于使用后存放和运输，适用于餐厅、会场和多功能厅等经常需要变换使用场地的公共场所，同时也适用于以节约空间为目的、多种产品功能合并使用的民用家具使用环境。

"折叠"由折与叠两个动词所组成。家具中"折而不叠"的折动式结构通常以轴心式的形式体现出来，以一个或多个轴心为折动点的折叠构造，最直观的物品是折扇，所以轴心式也称"折扇型"折叠。轴心式是应用最早、最广也是最为经济的折叠构造形式之一。如图 3-49 所示，这款中规中矩的绿色简易长沙发其实暗藏乾坤，沙发的靠背是由一整块厚实的垫子折叠而成的，如此一来，只要将其折叠后拉伸，同时把沙发扶手折叠平放，一张舒适的简易床便呈现在眼前，着实方便。

图 3-49　"折而不叠"结构的沙发

家具中"叠"的结构通常以叠积式的形式体现，如图 3-50 所示的叠摞木椅，将同一种物品在上下或者前后以相互容纳而便于重叠的方式放置，从而达到节省整体堆放空间的效果。

折叠结构充分应用即"又折又叠"的调节式家具结构是折叠结构中最常见的一类，因为它最能体现折叠结构的种种优点，为了满足家具功能的延伸，在家具内部设置一些调节装置，使其在外形使用尺寸上进行延伸，不仅在空间利用上最为经济、使用便利，而且功能多样化的可能性最大，如图 3-51所示，折叠后的家具结构可以和其他单体有相容性，甚至可以使家具结构经过折叠后成片进行收藏，增加功用的同时大大节省了空间。

图 3-50　叠摞木椅

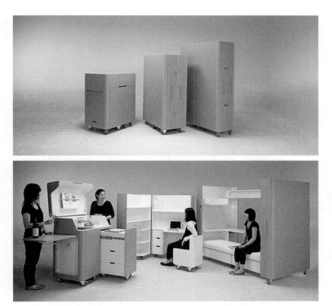

图 3-51　"又折又叠"的折叠结构家具

在现代家具中，我们仔细观察会发现在不同的场合或不同的家具类型中都会有以上不同方式折叠结构的应用，如图 3-52 所示为折叠结构在家具设计中的应用。

图 3-52　折叠家具设计应用

3.2.4　充气结构

充气结构是指各类由气囊组成的主体结构，需要通过对内部充气内胆进行加气或注入液体填充，使气囊变化成需要的家具整体造型，具备相应的家具功能。充气结构的家具除了具有色彩鲜艳、造型丰富、重量很轻、便于携带、不怕雨水等优点以外，充气家具摆脱了传统家具的笨重，室内室外可随意放置。放气后体积小巧，方便收藏携带，可节省空间。

充气家具正常使用寿命为 5 ~ 10 年。尽管充气家具不能让尖锐的物件强有力刺碰，不过每一件充气家具所附送的修补用的特制强力胶和有关材料已经解决了消费者的后顾之忧，使得充气家具拥有越来越广阔的市场，如图 3-53 所示是米兰家具展上展出的 Mario Bellini 设计的 Air Ravioli 充气座椅，所使用到的材料其实都是成本很低的技术材料，平凡而且普通，整个椅身还可以发光，充满了设计感和创意。

图 3-53　充气结构座椅

3.2.5　弯曲结构

弯曲结构通常被称为曲木结构，由于木材特殊的构造和特殊的力学物理性能，使木材难以加工成曲率较大的弧形部件，而且弯曲部分的连接强度和连接方式也存在困难，加工效率和精度难以保证，对木材的消耗也非常大，因此弯曲结构主要利用薄木弯曲胶压成型原理，解决部分异型木制部件难以成型的难题。

家具弯曲结构的弯曲零部件可通过实木板锯制和薄板胶合弯曲等方法得到。实木板锯制加工可以对弯曲程度较小的零部件采用在板材上顺纤维长度划线后用细木工带锯制的方法得到。薄板胶合弯曲是将一叠涂胶的薄板在模压机中加压弯曲，直到胶层固化而制成弯曲件。如图 3-54 所示是德国设计师 Euy 设计出的一种叫曲线美的板凳，应用人造板材的胶合热压方法，由 17 层弯曲的胶合板构成，在表面上创造一个连续流汇集在嘴角而创造良好的结构。

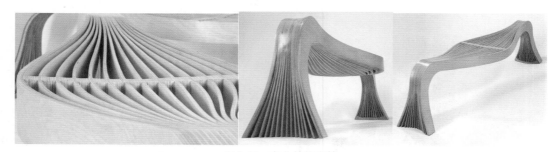

图 3-54　弯曲结构座椅

弯曲结构家具给人以活泼、轻松、优雅、柔和、丰满和活动之感，具有造型别致、工艺简单、耗材小、成本低等优点，其特有的弯曲弧度更加符合人体曲线的起伏，赋予家具高雅浪漫的气息，广泛适用于一些特殊造型的家具及木制品生产。如图 3-55 所示是来自里斯本设计师 marco sousa santos 的作品"壳"，采用胶合板材料弯曲结构制作，将木条弯曲排列，组成了一个茧形的座椅，然后用三根有机形态的椅腿来支撑，使用者可以自由选择喜欢的坐垫，体现自然与技术，现代与传统手工技艺结合一身。

图 3-55　弯曲结构座椅

3.4　课后思考与练习

3.4.1　思考题

1．分析几种家具的结构，比较几种家具结构的优缺点，分组讨论比较的指标，并做成表格上交。

2．用图形说明框架结构的技术要求。

3．与天然木材相比，人造板制造的板式家具的优点和缺点主要有哪些。

4．什么是胶合板的构成原则？简述单板层积材和集成材的主要结构特点和用途。

3.4.2　练习题

1．自行设计几种家具的结构。

2．为自己设计并制作一款纸板家具，创意参考内容如图 3-56 所示的折叠家具。

此款 DIY 创意制作所需的材料包括 7 块长度不一的预制板、合页、铰链、钢制连接杆和螺钉等。首先，您需要在木板侧立面钉上合页，将它们连接起来。然后，在木板侧面打出一系列的孔洞。最后，使用连接杆插入打好的孔中以连接需要固定的木板。不同的固定方式和摆放位置能够摆出 12 款造型各异的椅子，完全可以满足您的日常需求。快来尝试一下吧！

3．画出几款折叠沙发的折叠结构。

4．选取一件现代实物家具产品，测绘出家具的结构，画出节点样图。

5．结合课程学习、参观 1 ～ 2 个不同类型的家具工厂，学习了解现代家具生产的整套工艺流程。

6．结合当地家具产业与传统工艺技术的特点，从金属家具、塑料家具、软体家具中任选 1 ～ 2 种进行不同材质的专业家具设计。

图 3-56 DIY 多变座椅

 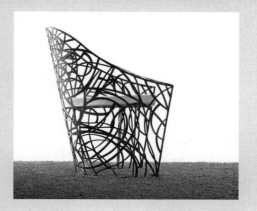 

第4章 家具设计中的造型法则

4.1 造型要素

家具造型设计就是在符合经济、实用的前提下，创造出尽可能完美的形体。家具造型设计的艺术形态审美化必须符合美学的规律，充分运用点、线、面、体、色彩、光影等家具语言要素为载体，运用多样化的造型手段，使家具产品更加完美，符合美学原理，从而满足人们的审美心理。在进行家具造型设计时，不但应该综合考虑形态因素，而且还要将造型设计美学的基本要素用于设计之中以创造出功能与美感、技术与艺术相统一的造型艺术形象。

4.1.1 点

1. "点"的特点

从几何意义上讲，点没有大小，没有方向，仅表示位置，如图4-1所示为设计中的点的构成形式。而在现实生活中，可以将非常小的圆作为点，所以现实中的点不仅有位置，而且有大小，点可以是任何形态，艺术形式中的点形态是千变万化的，因此点是艺术造型要素中最基本和最重要的元素，起到画龙点睛的作用，引人注目。

图 4-1　点的构成

2. 点的应用

在家具造型设计中点的利用非常广泛，点起着很强的实用功能兼顾装饰点缀作用。家具造型中的点，一方面主要体现在门、抽屉上的拉手、锁孔等，完成家具在结构上实用功能的表现，如图4-2所示为清代古典家具黄花梨方角四件柜，金属把手成为家具造型中点的装饰；如图4-3所示的现代家具装饰中门的把手也成为家具造型中点的重要应用形式。

图4-2　传统家具中点的应用

图4-3　现代家具中点的应用

另一方面，为了防止家具单调乏味，寻找以点为特点的配件作为装饰家具的细节，利用常规的功能附件使得较为普通的家具通过点的点缀产生与众不同的装饰美感。如图4-4所示，左图利用沙发软垫的装饰扣及欧式家具惯用的泡钉做点的装饰，可以打破大面积的单调沉重感觉，右图则采用点的造型来做织物座椅，可以在造型上显得轻快活泼，起到画龙点睛的作用。

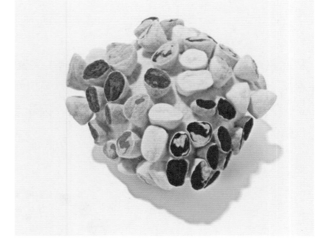

图4-4　点的装饰

3．点的情感特征

点是有情感的，点的形状、大小、数量、空间及排列组合方式的不同，会产生不同的心理效应和情感。曲线点如圆形点给人一种饱满、充实、富有活力的动感；而直线点如方点则给人一种稳定、坚韧、严肃的静感；在家具设计应用中以直线为主的家具选用圆形点的拉手和锁，以曲线为主的家具选用方形的拉手，通过直曲明显的对比产生较强的装饰效果和丰富的节奏感。从点的排列位置来看，等间隔排列会产生规则、整齐的效果，具有静止的安详感；变距排列则产生动感，显示个性，形成富于变化的画面，如果将二者结合起来且有规则地排列的话，将会给人一种具有节奏感和韵律感的丰富多彩的变化。点的情感使用可以使家具具有变化，有很强的注目感。

4.1.2 线

1．"线"的特点

线是点移动的轨迹，几何学上，线只有位置和长度，没有宽度和厚度，而在造型设计中线既有位置和长度，也有宽度和粗细，如图4-5所示的造型中的线条。对线条而言，线条的长度必须比宽度大得多，否则不成为线，而作为面来理解。点的移动若按一个方向则成直线。直线有水平线、垂直线和斜线。

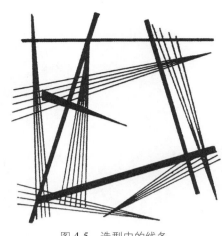

图 4-5　造型中的线条

2．线的应用

在家具造型设计中，线的形态运用到处可见，从家具的整体造型到家具的部件结构，从部件之间缝隙形成的线到装饰的图案线，线都起着至关重要的作用。用于家具构成的线条有三种：一种是如图4-6所示的查尔斯·马金托什（charles rennie mackintosh）设计的希尔住宅椅子，是运用纯直线构成的家具；第二种是如图4-7所示的法拉利式椅子，是采用纯曲线构成的家具；第三种是曲直线相结合构成的家具，如图4-8所示的米兰家具展展出的胶合板椅，以曲直线条规律变化使家具节奏感更强。以粗细有序、交替变化的线条为特点的家具，具有节奏感、韵律感。这样的对比变化，在家具造型中就形成了层次丰富、造型多变、形式新颖、亲和力强的造型特点。

图 4-6　家具中直线条的运用

图 4-7　家具中曲线条的运用

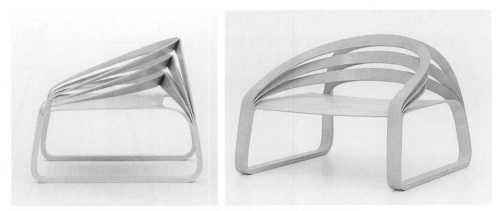

图 4-8　家具中曲直线条相结合的运用

3. 线的情感特征

点的移动方向不变化则形成直线。其中细直线是我国南方家具设计中经常使用的，因而给人一种纤细、敏锐的心理感觉；而粗直线是我国北方家具设计中经常使用的，因而给人一种豪爽、拙朴、厚重的感觉。如图 4-9 所示是粗细线条对比的情感。

图 4-9　家具中细线条、粗线条的不同情感

采用直线型的线条进行造型，具有刚健、雄劲的男性风格之美，在纯直线应用中应注意水平线和垂直线及倾斜线的交错使用，使线形成基本的体块，从而体现家具的基本造型。曲线给人以轻松、愉快、活泼、优雅、柔和而富于变化的女性之美的感觉；垂线有一种挺拔向上、严肃端正、支撑和超越等之感；水平线给人一种宁静沉着、稳定宽广之感；斜线给人一种活力四射、奔放上升、富于变化的运动之感。纯的直线给人一种"力"之美；纯曲线给人一种"动"之美；而直曲相结合给人一种富于"变化"之美。直线与曲线是两条对比的线，而两条直线的角部采用曲线过渡则为调和，家具造型中线的对比与调和都有应用，如图 4-10 所示是各式线条构成的家具，不同的线条运用可以产生或柔和、或变化的美感。

4.1.3　面

1. "面"的特点

面是线的转移轨迹，也可以是点的密集排布。几何学中代表直线构成的外形有正方形、长方形、三角形、梯形、菱形、多边形和不规则形等，代表曲线构成的外形有圆、椭圆。直曲线可构成多种不同形状的外形，如图 4-11 所示是几何学中的形；由自由弧线为主构成的形为有机形，如图 4-12 所示。

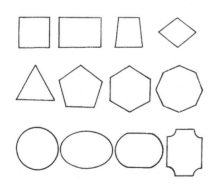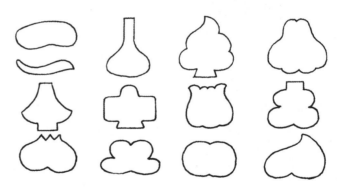

图 4-10　家具中各式线条构成所带来的不同情感

图 4-11　几何学中的形

图 4-12　有机形

2．面的应用

面是家具造型中的重要构成因素，所有的板材都是以面而得形态，有了面家具才具有使用的功能并构成形体。在家具设计中灵活运用面的不同形态特征，通过不同面的组合来构成不同风格特征、不同样式的家具造型，如图 4-13 所示是构成家具使用功能的重要的面，如最基本的椅面、桌面、床面等。

面在家具造型设计中通常指各种板面的形体设计，而不同形状板面的设计能给人不同的心理感受。如图 4-14 所示运用不同几何形态构成的书架设计中，长方形变化很多，是在家具设计中应用最广的形状，三角形在家具上主要是配合家具总体外形及作为部件来使用或常应用在一些富于变化的家具造型之中；增强稳定感的家具造型如倾斜的桌椅腿通常利用梯形进行构成；菱形是用斜线组成的，多用于家具的装饰部位，不规则形家具是在自然界中可以发现的，是根据人的思维进行提炼概括的，能把自己的感情表现出来，它给人活泼、大胆、个性的感受。

图 4-13　家具中的面

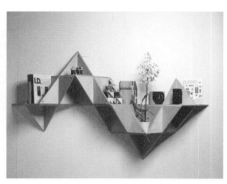

图 4-14　几何形态家具

3. 面的情感特征

如图 4-15 所示，家具中不同形态面的构成带来不同的情感，正方形是最单纯的一种外形，具有端正、坚固、强健、稳定、安静、正直与庄严之感；长方形的长短边比例恰当，外观造型会有丰富的变化，若线条长度差别极大或极小，会造成比例失调，失去美感；三角形丰富了角与形的变化，等边三角形有安定的感觉，而不等边三角形具有静中有动的特点，正立的三角形能让人们联想到山丘、金字塔等，给人一种锐利、稳定和永恒的感觉，而放倒的三角形不稳定，但作为家具中的一个构件，能起到生动活泼的作用；梯形上小下大，具有较好的稳定感和完美的支持沉重物品的功效，显示出重量感和支持感；圆形是由一条连贯的环形线所构成的，具有一种永恒的动感，给人一种流畅、秀丽、温暖、柔和、愉快、完美、简洁的感觉；不规则形可以根据人的思维把人的情感表现出来，具有一种轻松活泼以及个性化的特征。

4.1.4　体

1. "体"的特点

体是各部分形的堆积，是在视觉上感觉到的份量。体量是由线条和外形构成的，凡是家具均由长度、宽度、高度构成体量。"体"的体现一方面是封闭式的，指家具造型的轮廓线内全部为实体；另一方面是开放式的，指家具造型的轮廓线内除了有实体部分外，还有一定的空间，在视觉上与实体有一定的联系，形成虚实对比，如图 4-16 所示为家具造型中的体量感，体面堆积过程中形成了虚实对比。

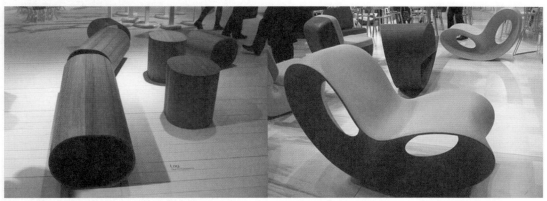

图 4-15　家具中各式面的构成所带来的不同情感

图 4-16　家具中的体量感

2．体的应用

在造型设计中，体可理解为点、线、面围合成的二维空间所形成的各种形状的几何体。在家具造型设计中，正方体和长方体是用得最广泛的形态，如桌、椅、橱柜等。体的构成，可以通过线材的空间围合构成的虚体和由面组合成或块立体组合成的实体实现。虚体和实体给人心理上的感受是不同的，虚体使人感到轻快、透明感，而实体则给人一种重量感，围合性强。体的虚实处理给造型设计作品带来了强烈的性格对比。

3．体的感情特征

如图 4-17 所示为家具中各式体积感构成所带来的不同情感，封闭式体量大多体形简洁，显得重心低，稳定感强，显得结实稳重；开放式体量则由于视线透过空隙而到达他处，因而常使人感到轻快、活泼、丰富。体量大的给人一种形体突出、坚强有力的厚重之感；体量小的给人一种小巧玲珑的亲切感。家具的体形处理中，虚和实缺一不可，没有实的部分，家具会显得脆弱无力，没有虚的部分，家具会显得呆板、笨重，而两者巧妙结合，才能使家具体形既轻巧通透，又坚实有力。

图 4-17   家具中各式体的构成所带来的不同情感

点、线、面、体与家具整体造型的关系好比是砖与楼的关系。家具造型以点、线、面、体为基本元素，利用它们的不同特征、给人的不同感受，运用具体设计方法使它们有机地结合，组成家具整体造型，如图 4-18 所示的藤家具造型中，将靠枕的点构成、椅背的线条构成、沙发座椅面的构成、坐垫的体量构成综合运用到家具的整体造型中，使点、线、面、体基本元素有机结合，给人以不同的视觉感受。

图 4-18　造型基本元素的有机结合

4.2　造型设计原理

家具造型必须同时解决功能、结构、工艺的合理性与经济性，实现内在质量与外在质量的统一。同时造型要与使用条件相适应，造型设计必须符合民族、地区、使用场合、服务对象、风俗习惯、使用者的审美爱好等。

在现实生活中，经济地位、文化素质、思想习俗、生活观念、价值观念等的不同决定着人们有不同的审美追求，然而单从某一事物或某一造型设计的形式条件来评价时，却可以发现在大多数人中存在着一种相通的对美或丑的感觉共识，这种共识是从人类社会的长期生产和生活实践中积累的，它的依据就是客观存在的美的形式法则。家具的造型设计要具备时代性和独创性，设计中必然要遵循造型设计的基本原则。

4.2.1　变化和统一

统一，是指性质相同或者类似的东西并置在一起，形成一种一致的或具有一致趋势的感觉，是有秩序的表现。它比较严肃、庄重，有静感，因此统一能治乱、治杂，增加形体条理、和谐和宁静的美感，如图 4-19 所示的家具中统一的材质和色彩。但是，过分的统一又会显得刻板单调，只有统一而无变化，则不能揣得趣味，美观也不能持久，其原因是对人的精神和心理没有刺激的缘故。可见，还需要变化。

变化，是指性质相异的东西并置在一起，形成明显对比的感觉，是一种智慧、想象的表现，能发挥种种因素的差异功能，造成视觉上的跳跃，产生新异感，其特点是生动活泼而有动感，如图 4-20 所示的家具中缤纷色彩的变化。

在不影响整体统一的前提下，应力求表现形式的多样性和形式要素的丰富变化。评价审美质量时，也应观察构成家具的线、形、面、色彩、肌理、方向、虚实、体量等是否具有对比与变化，如方圆对比、曲直对比、虚实对比等。

衡量变化与多样性的另一个方面是视其是否通过加大体量、增加装饰、加强视觉效果等手法使家具的某些面或部位突出。要正确地处理好变化与统一的关系，统一是前提，变化是在统一中求变化。

就家具的造型形态而言，统一是绝对的，变化是相对的，家具结构通过变化的造型原理进行变化最终会形成多种不同的变化效果，如图 4-21 所示为家具中体量的变化形成的造型变化，显示出了体量的大与小、方与圆、高与低的不同对比感觉；如图 4-22 所示为家具中方向的变化形成的造型变化，显示出了水平与垂直、平直与倾斜的不同对比感觉；如图 4-23 所示为家具中虚实的变化形成的造型变化，

显示出了开敞与封闭、透明与不透明的不同对比感觉；如图 4-24 所示为家具中色彩的变化形成的造型
变化，显示出了深与浅、明与暗、强与弱的不同对比感觉。

图 4-19　家具中的统一

图 4-20　家具中的变化

图 4-21　家具中体量的变化

图 4-22　家具中方向的变化

图 4-23　家具中虚实的变化

图 4-24　家具中色彩的变化

过于强调统一而缺少变化，就会使人感到匮乏、单调，但如果过分强调变化而缺少统一，又会导致混乱、琐碎，要做到统一而不过于接近，变化而不过于强烈。在家具设计中，不论是单件还是成套家具的造型式样、构图等方面，都不能离开统一和变化的规律。在统一中求变化，在变化中求统一，变化与统一相互渗透是造型设计创造的着眼点，并且贯穿始终。

4.2.2　对称与均衡

自然界静止的物体都遵循力学的原理，以平静安稳的形态出现，均衡便是基于这一自然现象的美学原则，它要求在特定空间范围内使诸造型之间的视觉力保持平衡。家具造型也必须遵循这一原则，在感觉上有倾倒趋势的家具会引起人们心理上的不安。均衡的形态设计让人产生视觉与心理上的完美、宁静、和谐之感。静态平衡的格局大致是由对称与平衡的形式构成。

如图 4-25 所示是造型均衡的家具，一件或一组家具的均衡中心有时是不确定的，有时是以"线"的形式出现，有时是以"面"或"体"来反映，虽然表现不同，但都以吸引人们的注意力为目的，其中的座椅，均衡的造型效果给人以稳定的视觉感受；图中的书柜，利用矩形来分割开敞的空间，有很强的秩序感，同样还利用线条的曲直、色彩的差异变化造型，虽然体现的手法不尽相同，但视觉中心的确立都是为了使人在观察一件家具时达到心理上的平衡感受。

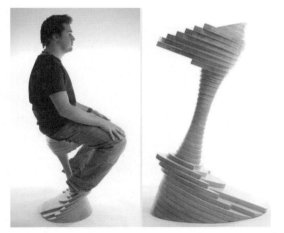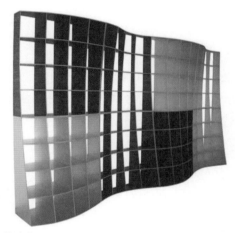

图 4-25　家具中的均衡

对称又称"均齐"，所谓对称，是指一个轴两侧的形象、四周的形象相同或相似，或是相对于一个中心点相同或相似。对称是最传统的方式，对称分为绝对对称和相对对称，上下、左右对称，同形、同色对称被称为绝对对称，相对对称则给人以庄重、整齐即和谐之美。

如图 4-26 所示为中国古典家具（清代早期紫檀云纹藤心扶手椅）中的对称造型，如图 4-27 所示为现代家具中的对称造型构成关系，对称形式能给人一种非常稳定的秩序感，产生庄严、严肃、统一的感觉，为达到一种稳定的心理感受，对称中心的强调是不容忽视的。对称中心的强调方法多种多样，可以利用点、线、面、色彩、材质等基本形态要素来表现，如图 4-27 所示的现代家具造型中，在正方形基本立面内进行比例分割，形成了一目了然的轴线关系。

对称具有平稳美观的特性，是在统一中求变化；平衡则侧重在变化中求统一。两者综合应用，就产生了平衡的三种形式：对称平衡、散射平衡和非对称平衡。对称的图形具有单纯、简洁的美感，以及静态的安定感，对称本身具有平衡感，对称是平衡的最好体现。

图 4-26　中国古典家具中的对称造型

图 4-27　现代家具中的对称造型

4.2.3　韵律

　　韵律是有规律、有组织变化的一种现象，在设计中最简单的表现方法是把一个可视的造型单位作反复连续的重复表现。韵律美是一种有起伏、渐变、交错的有变化有组织的节奏，具有律动的变化美，更善于诉诸于丰富的情感色彩。在家具造型中，家具构件、雕刻图案等有规律的重复，组合家具的形、线的反复及不同摆放，都是形成韵律的有效方式和手段。

　　韵律是节奏的深化与艺术效果。韵律的形式有如图 4-28 所示的连续韵律、如图 4-29 所示的渐变韵律、如图 4-30 所示的起伏韵律和如图 4-31 所示的交替韵律。不论是整套家具还是单体家具，在进行造型设计和空间组合时，通过一定的排列方式，使各部分之间在保持联系的基础上富于变化，成为一个有节奏的、统一和谐的整体。

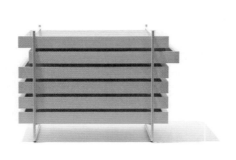

图 4-28　连续的韵律

图 4-29　渐变的韵律

图 4-30　起伏的韵律

图 4-31　交替的韵律

　　当然，家具除了造型和空间形成的韵律感外，家具细部的变化也可以达到同样的效果，如功能配件像抽屉拉手、挂钩；装饰元素如家具材料的天然纹理以及色彩的渐变等。有了家具的细节变化，整个家具造型甚至环境空间就不会显得呆板，形成明快的虚实变化的节奏感和无声而有韵律的秩序美。总之家具外观造型要符合人的生理和心理的需求，产生和谐之美的视觉感受，必须要有良好的韵律关系。

　　家具是实用与审美、物质与精神、科学与艺术的统一体，它是科学与艺术的结合体，优秀的设计师总是自觉地或有意识地运用基本的、科学的方法和规则来创作出不朽的设计作品，重视形式美的理论研究才能不断提高自己的形式美感，善于运用科学的方法来进行家具的创作才能为家具造型的创新提供更为广阔的发展空间。

4.3　典型作品分析

意大利米兰家具展的经典作品

　　米兰国际家具展（Salone Internationale del Mobile di Milano）创办于 1961 年。米兰国际家具展被

称为世界三大展览之一，每年一届，已经有 50 多年的历史。追溯其历史，当时是在几家有远见的意大利家具企业的推动下举办的，自举办以来形成了米兰国际家具展、米兰国际灯具展、米兰国际家具半成品及配件展、卫星沙龙展等系列展览，它是全世界家具、配饰、灯具流行的风向标。

如图 4-32 所示，展现了米兰家具展上突出运用线条进行造型的家具，运用对称形式法则的家具给人带来家具本身的稳重感，但又不显沉重；线条极具韵律进行排列的家具，给人带来柔和的曲线美感。

图 4-32   米兰家具展上突出线条运用造型构成的家具

如图 4-33 所示，展现了米兰家具展上突出运用体块关系进行造型的家具，给人带来沉稳的感觉，各种体块关系通过不同几何形体积大小的对比和有韵律的节奏关系，给人带来沉稳的美感。

图 4-33　米兰家具展上突出体块运用造型构成的家具

如图 4-34 所示，展现了米兰家具展上突出运用几何形和有机形进行造型的家具，既有线条造型的柔美，又有体块关系的稳重。

图 4-34　米兰家具展上突出几何形和有机形进行造型构成的家具

如图 4-35 所示，展现了米兰家具展上综合运用点、线、面、体进行造型的家具，使得家具展上的作品异彩纷呈，设计、创意、品位、科技、时尚和潮流得到了充分的体现，对全世界的家具业产生了重大影响。

图 4-35　米兰家具展上综合造型要素构成的家具

图 4-35　米兰家具展上综合造型要素构成的家具（续图）

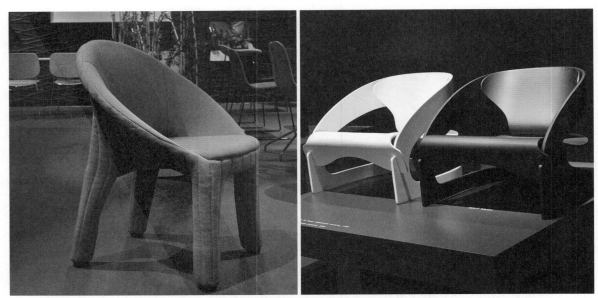

图 4-35　米兰家具展上综合造型要素构成的家具（续图）

経典创意的家具设计作品

如图 4-36 所示，模块化的结构设计思路应用到家具设计上来，通过简单拼接就可以变成各种各样的家具，如屏风、隔间等，而且颜色也可以根据喜好自由拼接。

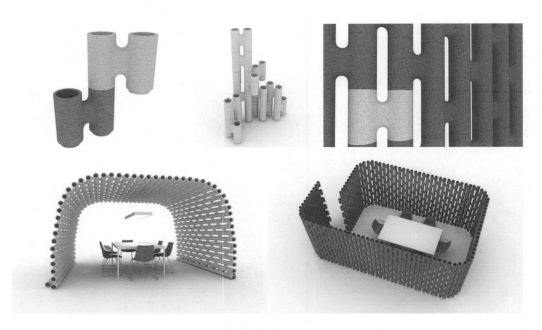

图 4-36　筒拼家具

如图 4-37 所示，东京设计师 koki yoshida 设计了一款"mikakure"椅，水平摆放的单个椅子连在一起就能组成一个长凳，锯齿形的座椅边缘像拉链一样咬合在一起。"mikakure"表面是呈对角线排列的黑白相间的条纹，椅子的颜色和尺寸会随着观察者位置的改变而改变。

如图 4-38 所示，这款可折叠的桌子能够帮助你有效地分配和利用有限的空间。

它们的中间设计了一些特殊的条状结构，使得这两款家具既可以形成稳定的支撑来充分发挥功能，又可以折叠成平板塞在床下存放。

图 4-37　交错椅

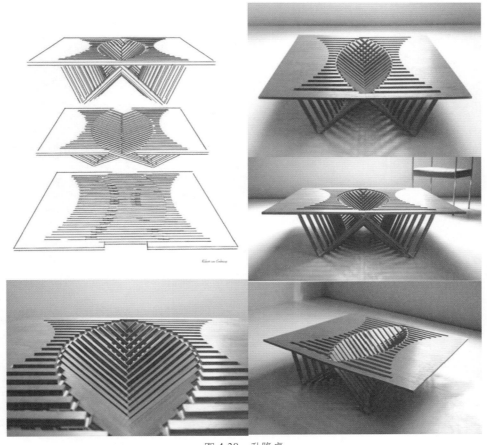

图 4-38　升降桌

4.4 课后思考与练习

4.4.1 思考题

1．家具造型设计有哪几种方法？其主要特点是什么？

2．简述家具造型的形式美法则，并结合具体的家具进行设计分析。

3．如何将点、线、面、体的造型要素运用到家具设计中来？

4.4.2 练习题

1．运用有机形设计出一件或一组家具设计初步方案。

2．运用统一、变化、韵律的形式美法则，结合造型的方法各设计三组家具设计初步方案。

2

设 计 部 分

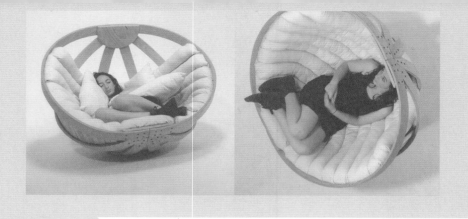

第 5 章　家具设计的方法与程序

5.1　家具设计的方法

5.1.1　关于创意

设计的方法主要是指设计的创意和创造力。其中创意是第一位的，是家具设计的切入点，因为家具形态设计不应该在固有和模式化的思维状态下进行，在好的创意指导下，配合创造能力才会设计出最佳的作品。

设计创意，是考虑设计什么样的产品，为谁所用？对于现在多种多样的家具设计，什么样的形态和功能满足人们的新需求？怎么样应用新技术和新材料？怎么样突破旧的造型模式，表现新创意？

以生活中我们常见的椅子为例，椅子的基本功能不改变，设计师仍然可以提出很多新的创意。如图 5-1 所示是由皮埃尔·保兰分别于 1966 年和 1967 年设计的彩带椅子和舌椅，其既能满足椅子的基本使用功能，同时色彩缤纷，具有雕塑感的造型设计让人耳目一新，整个设计充满了趣味性。以上设计充分说明了，一个好创意会吸引使用者的眼球，直接引导后续的家具设计的程序进入正轨，设计出最佳的、符合消费者审美与功能需求的家具产品。

创意是一种设计灵感，只可意会，不可言传，突如其来，稍纵即逝。在设计领域存在所谓的被缪斯亲吻过的幸运儿。设计师的创新一定程度上被认为是灵感闪现的产物，但这种灵感闪现同样不能重复，不能教，也不能学。没有一个人能教会某人如何成为创造天才的有效方法。但这不意味着设计无所谓方法了。设计不同于艺术，不是一时的心血来潮的激情。它是一项计划性极强的意念活动，受到多种客观条件的制约，通过家具分析和市场调查方式诱导出设计灵感，从而创造出使用功能和审美功能兼备的作品。而且我们每个人都有自己的创意潜能。

既然如此，我们先来看看如何激发集聚在我们身体中的创意潜能吧。

5.1.2　激发创意潜能

1. 加强创新意识

设计要有创意，设计者首先要具备强烈的创新意识。创新原意有三层含义：更新、创造新的东西、改变。创新意识是指在思想上有强烈的创新欲望和对一切事物的敏感性，对新事物的追求从不满足。

图 5-1　皮埃尔·保兰设计的彩带椅和舌椅

一个人具备了创新意识，才能真正挖掘出自身的创意潜能，最终达到创造新事物的目的。

家具在设计形态上，由于人们对其不仅满足于简单的基本的使用功能，以及现代科技的发展、新材料的产生等，使得家具形态万千，层出不穷。即使是同一种家具，也会有几十种甚至上百种。这也说明了创新的重要性和必然性。同一产品，创意设计的不断产生使得我们倍感压力。我们在设计时，往往有这样的经历，觉得家具的设计前人已经发挥得淋漓尽致，我们无从下手。事实上我们的创造力是无穷尽的，一旦我们有能力把目标投向更远，插上想象的翅膀，意想不到的结果就会神奇地展现在我们的面前。

如图 5-2 所示是芬兰设计师艾格·阿尼奥设计的香锭椅。该款椅子由玻璃纤维压膜制成，大胆采用了鲜艳的色彩和有机造型，独特的造型表达了设计师对于非传统坐姿的倡导。

图 5-2　艾格·阿尼奥设计的香锭椅

如图 5-3 所示是英国设计师阿萨·阿舒奇设计的 Ostean 椅，Ostean 源于拉丁文，是骨骼内部的结构。该款椅子如其名字一样，外面有坚硬的外壳，内部结构像是有机体的有机构架。它倡导了一种新的生活理念。对于设计师而言，不需要实心，只需要有支撑的结构而不是里面填充的材质。

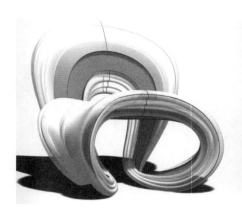
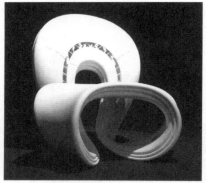

设计时间：2005年 制作：Assa Ashuach

图 5-3 阿萨·阿舒奇设计的 Ostean 椅

通过以上的设计我们看到，一个创意不但可以产生一个好的设计作品，更能开创一种新的设计模式和新的生活方式。因此我们在设计之初，首先要让创新意识在我们的大脑里扎根。

2. 打破思维模式

人们在生活实践过程中，不断积累了各种经验，逐渐形成了常规的思维模式。如中国人吃饭的时候，首先想到使用筷子，西方国家首先想到使用刀叉而不是筷子。当我们在设计时，设计椅子首先想到的是座椅面和四套凳腿，而事实是椅子只是为满足坐的功能，形式可以有很多。如图 5-4 和图 5-5 所示，Seaser 椅子是专门设计的，以尽量减少身体上的不适，保持清晰的家居风格，但维持不变的舒适品质。坐上去后用户会发现，他们自动进入一个开放和外向的座椅位置，因为它们有安全的、坚定的扶手，是重量轻和可移动的，在设计上也完全可回收利用（设计师 Lonc）。

图 5-4 Seaser 椅

我们常习惯于按照以往的经验，按常规思考问题，这种思维模式称为思维定式思考模式。思维定式这种思考模式固然有它的优点，它能够帮助我们快速准确地解决问题，但却难获得新的结论和意想不到的结果。尤其在家具的设计中，要想设计出有创意的产品，就不能墨守成规、照搬前人的设计，一定要打破传统的思维模式。我们可以借鉴一些创新思维方法来获得新的设计切入点。

图 5-5　Seaser 椅与脚凳

（1）逆向思考法。

逆向思考法是把常规的思维逻辑倒过来进行思考。如人们已经习惯于使用大头显示器的时候，现年 69 岁的美国人乔治·海尔迈耶发明了液晶显示器，逆转了传统思维，将几百毫米的显示器的厚度压缩为仅仅几十毫米，方便了运输并节省了空间占用。如今，人们争先购买的 iPhone 手机，其中的 SIRI 技术也是个逆向思维的典范，它打破了人通过手机和人沟通的模式，而是让人可以与手机沟通，实现自我需求的目的。我们知道椅子至少要有三条腿才能稳定，然而一些设计师偏偏打破这种常规模式，设计出新的形式的椅子。椅子一定是要由四条腿支撑的吗？如图 5-6 和图 5-7 所示的这个"两条腿椅子"，想要坐这个躺椅还需要墙壁帮助，否则它就一无是处，防滑底部提供了良好的抓地力，坐得更安全，可以在各种场合使用，当然前提条件要有墙的依靠。

图 5-6　"两条腿"椅子正面图

图 5-7　"两条腿"椅子侧面图

摇篮是婴儿的专属吗？我们何不让成人回归婴儿时代，躺在摇篮里享受一下儿时的温馨呢？根据这个反向思维，设计师大胆想象，如图 5-8 所示，我们都喜欢感到舒适和安全。这款"成年人摇篮"可以播放出 RMD 或有节奏的音乐。椅子提供一个安全、舒适的环境，让他们冷静地幡然醒悟，使他们逃脱生活的严酷，感觉到放松。整片扁平的材料，所有材料均来源于环保资源，结合最初的胶合板层胶水。

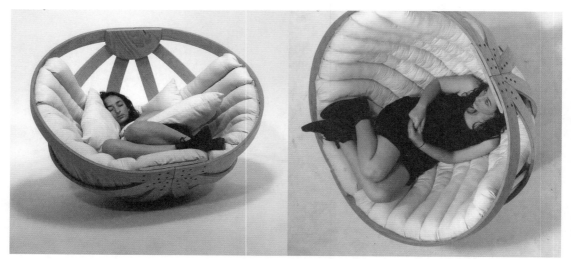

图 5-8　成人摇篮

（2）假设法。

这是利用各种假设来打破传统思维模式的方法。比如凳子是用来坐的，书架是用来放置书和杂志的，我们能不能让他们的功能结合在一起？由这个假设的想法发展下去来获得新的家具设计形式，拓展思路。如图 5-9 和图 5-10 所示，"Cubic"是三个功能于一体的家具设计，包括杂志架、凳子、茶几。外观是一个立方体，没有特定的摆放方向，可以根据功能的需求改变它的方向。按设计师说这个立方体简单又实用。

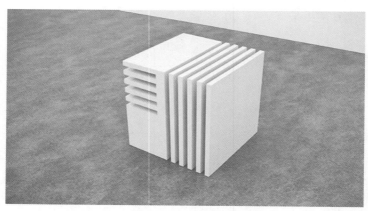

图 5-9　"Cubic"可以作为凳子或者茶几

（3）极限思考法。

极限思考法是在设计思维展开时，尽量向家具特性的两个极端方向发展和设想，以此来打破思维模式。如家具形态的大与小、高与矮、柔与刚等。通过这些相对两极特性的思考来获取形态创新的可能。如前些年流行的背投电视与如今的超薄电视设计等就是两个极端，他们的产生都是这种思考方式的例子。

（4）借助外力。

通过外力突破自己的思维模式是设计中常用的创造方法。常用的办法有"头脑风暴法"或者向其他人讲解自己的设计概念，请别人对你的设计提问题和建议。因为不同工作和专业背景的人的思维方式发生碰撞的时候更容易激发出创造思维的火花。

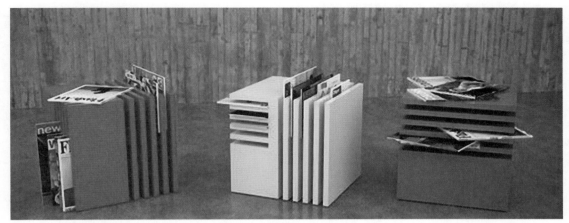

图 5-10　"Cubico"可以作为杂志架

3．感性创意思维开发法

（1）灵感法。

灵感法，即靠激发灵感使设计中久久得不到解决的关键问题瞬间获得解决的创新技法。其特征是突发性、突变性，是突然闪现的领悟，是认识上质的飞跃。

（2）机遇发明法。

机遇被称为"发明家的上帝"。重大的设计，有时需要点运气，当然机遇只会给寻找他的人，也就是靠创造性的艰苦劳动。机遇来临时，我们一定要抓住，丹佛企业咨询专家和思维过程学者霍华德·龙格曾经说过："每个人都会错过创造，普通人错过是由于他们不习惯这种思维模式，有创造力的人错过是由于他们脑子里这类事情过分拥挤。"他为我们能及时抓住创造的机遇提出了十条提示。

- 手边常备纸笔。
- 不要认为这个想法是如此好，所以不会忘记它。比如我们可以准备一些小册子，观察生活中的细微处，把人在生活中对产品的使用不适和需求记录下来。
- 当有什么新想法出现时，随时记下来。
- 无论你在做什么都要停下来，并集中思考这个问题。
- 新的想法特别难记，因为你没有再现它的基础。
- 新想法是具有风险性的，因此不刻意去记住它，就会忘记这个想法。
- 不断面向未来，写下整个方案。详细讨论细节，这样可以消除不利的因素。
- 在思想的早期阶段不要去分析"为什么"，保持创造—肯定—实践这一模式不断运作。
- 冷静。第二天审查你的想法，要做好笔记，这不是要努力回忆，而是审视整个方案。
- 创造性思维只是技巧、训练和实践的问题。如图 5-11 所示是维奈·潘顿（Verner Panton）设计的组合椅子。维奈·潘顿是丹麦著名的工业设计师。丹麦重要的《家具》杂志曾这样评价潘顿的设计："维纳·潘顿想要唤醒我们全部的感觉，从近乎幽闭恐怖的体验一直到充满色彩的想象。"由此可以想像潘顿的设计是多么的动人心魄。组合椅子，组合后形成强烈的韵律感，给人带来强烈的视觉感受。

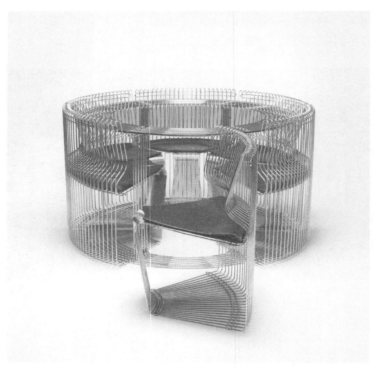

图 5-11　维奈·潘顿设计的组合椅

　　如图 5-12 所示，该摇椅由里奥·库卡波罗设计。他被誉为当代最伟大的天才设计大师，对中国东方文化仰慕已久。该摇椅由白钢作为支撑，用毛垫作为坐垫，组合而成。

图 5-12　里奥·库卡波罗设计的摇椅

　　如图 5-13 所示是坦克椅。奇特的造型，整个座椅部分像缠绕的坦克滚轴一样，而且凹形坐面使人坐上去更加舒服。坦克椅由里奥·库卡波罗设计。

图 5-13　里奥·库卡波罗设计的坦克椅

　　如图 5-14 至图 5-16 所示，古代的卷轴和书架结合到一起是什么样子的呢？一个小巧的书架设计，它就像一个卷轴，打开它我们可以放置各种各样经常阅览的书籍，而且可以很好地将书籍夹住，防止倒下来，非常美观。左右两侧的卷筒其实是个小抽屉，用来放笔之类的小文具。合起来，小巧的外形便于我们收藏和携带。

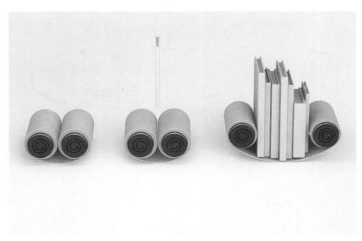

图 5-14　卷轴书架自由伸缩图

5.1.3　理性创意思维方法

1. 头脑风暴法

　　头脑风暴法又称智力激励法、BS 法、自由思考法，是由美国创造学家 A·F·奥斯本于 1939 年首次提出、1953 年正式发表的一种激发性思维的方法。利用创造性想法为手段，集体思考，使大家发挥最大的想象力。如图 5-17 所示，以漫画形式形象地说明了头脑风暴法的含义。这种方法是根据一个灵感激发另一个灵感的方式，产生创造性思想，并从中选择最佳的解决问题的途径。过程中不可批评与会中人的创意，以免妨碍他人创造性的思想。头脑风暴法从 20 世纪的 50 年代开始流行，常用在决策的早期阶段，以解决组织中的新问题或重大问题。头脑风暴法也被广泛应用于设计中，但一般只产生方案，而不进行决策。

图 5-15　卷轴书架可以放笔等小文具

图 5-16　卷轴卷曲示意图

图 5-17　头脑风暴示意图

参加人数一般为 5 ～ 10 人（课堂教学也可以班为单位，如图 5-18 所示为班级组织头脑风暴法的布局）。最好由不同专业或不同岗位的人组成，讨论环境尽量轻松，大家畅所欲言，以此来激发出创意灵感。头脑风暴法灵感处理的程序如图 5-19 所示。

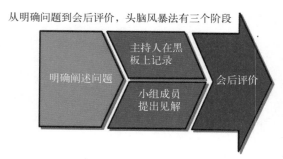

图 5-18　班级头脑风暴布局

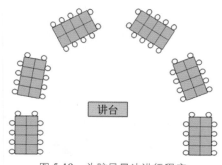

图 5-19　头脑风暴法进行程序

2．635 法

"635"法又称默写式智力激励法、默写式头脑风暴法，是德国人鲁尔已赫根据德意志民族习惯于沉思的性格提出来的以及由于数人争着发言易使点子遗漏的缺点，对奥斯本智力激励法进行改造而创立的。与头脑风暴法原则上相同，其不同点是把设想记在卡上。头脑风暴法虽然规定严禁评判，自由奔放地提出设想，但有的人对于当众说出见解犹豫不决，有的人不善于口述，有的人见别人发表与自己的设想相同的意见，就不发言了。而"635"法可以弥补这种缺点。具体做法如下：每次会议有 6 人参加，坐成一圈，要求每人 5 分钟内在各自的卡片上写出 3 个设想，然后由左向右传递给相邻的人；每个人接到卡片后，在第二个 5 分钟内再写 3 个设想，然后再传递出去；如此传递 6 次，半小时即可进行完毕，可产生 108 个设想。

3．KJ 法

KJ 法的创始人是东京工人教授、人文学家川喜田二郎，KJ 是他姓名的英文缩写。这一方法是从错综复杂的现象中，用一定的方式来整理思路、抓住思想实质、找出解决问题新途径的方法。KJ 法不同于统计方法。统计方法强调一切用数据说话，而 KJ 法则主要用事实说话，靠"灵感"发现新思想、解决新问题。

如图 5-20 所示是某设计小组对儿童玩具的 KJ 法分析图。根据玩具设计中可能遇到的问题进行分类，对每类问题根据目前市场上存在的弊端提出意见。

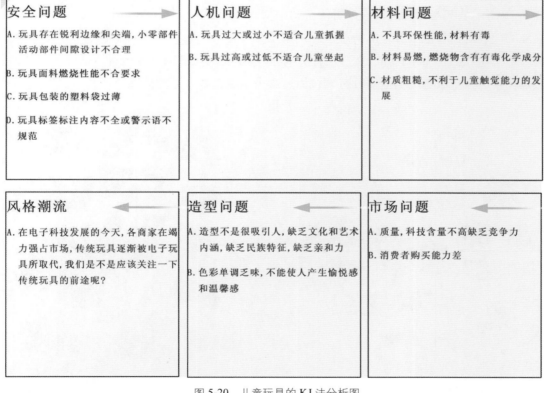

图 5-20　儿童玩具的 KJ 法分析图

列举创造技法最常用的有缺点列举法、希望点列举法、特征点列举法。

（1）缺点列举法。

找出所有事物的缺点，将其一一列举出来，然后再从中选出最容易下手、最有经济价值的对象作为创新主题。

缺点一般是指原理不合理、材料不得当、无实用性、欠安全、欠坚固、易损坏、不方便、不美观、难操作、占地方、过重、太贵等。或者从现行的生产方法、工艺过程中发现缺点；或从成本、造价、销售、利润等方面找出缺点；或从管理方法上找缺点。总之，凡属于缺点均可一一列出，越全面越好。然后，从中选出亟待解决、最容易解决、最有实际意义或最有经济价值的内容，作为创新的主题。

（2）希望点列举法。

希望，就是人们心理期待达到的某种目的或出现的某种情况，是人类需求心理的反映和对美好愿望的追求，希望是创造发明的强大动力。

希望点列举法与缺点列举法相对应。如果说缺点列举法是寻找事物的缺点而进行创造发明的话，那么希望点列举法就是根据人们对事物的愿望要求来进行创造发明的技法。

（3）特征点列举法。

特征列举法也称属性列举法，由美国创造学家克拉福德教授研究创立。该方法首先是分门别类地将事物特性或属性全面地罗列出来，然后在所列举的各项目下面使用可取而代之的各种属性加以置换，从中引出具有创见性的方案，再进行讨论和评价，最后找出具有可行性的创新设想。

克拉福德把一般事物的特征分为以下三个部分：

- 名词特征：指采用名词来表达的特征，如事物的全体、部分、材料、制造方法等。
- 形容词特征：指采用形容词来表达的特征，主要指事物的性质，如颜色、形状、大小等。
- 动词特征：指采用动词来表达的特征，主要指事物的功能，包括在使用时所涉及到的所有动作。

如图 5-21 所示是某产品形态属性分析图，图中用三个形容词概括了市场上现有玩具的形态特征，并把收集到的代表性图片放到合适的特征形容词位置。

如图 5-22 所示是某产品的功能属性分析图，将市场上现有玩具的功能进行概括分类，并分别放置到四个极点位置，再把收集的典型图片分别按照所属类别放置到合适的位置。

图 5-21　玩具形态属性分析　　　　图 5-22　玩具功能属性分析

（4）成对列举法。

成对列举法是同时列出两个物体的属性，在列举的基础上进行两物体诸属性间的各种组合，从而获得创造发明的设想。这是一种特殊形式的特征点列举法。

以电话机为例，电话机就是焦点；再任意找一个参考物——假设为苹果，苹果的特征有形状、颜色、气味、味道、果皮、核，电话机也有，为了表达简单，选几种特征列出，如图 5-23 所示为列出的设计焦点和参照物，以及特征相互联系后形成的新的创意分析图。

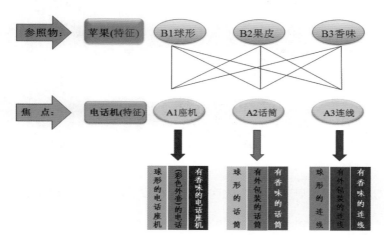

图 5-23　电话机设计特征列举创意分析图有许多特征

A1B1，球形的电话座机；A2B1，球形的话筒；A3B1，球形的连线；A1B2，有外包装（彩色外套）的电话座机；A2B2，有外包装的话筒；A3B2，有外包装的连线；A1B3，有香味（可吃）的电话座机；A2B3，有香味的话筒；A3B3，有香味的连线。以上方法可以为我们提供 9 种新奇的创意，至于创意的实现就要靠我们自己的努力和反复实践了。

4．仿生设计

所谓仿生设计，是利用仿生学原理进行家具的设计创新时一项重要的方法。人类的创造源于模仿。自然界无穷的信息传递给人类，启发了人的智慧和才能。从人造物的基本功能来看，都源于自然界的原型。

提到仿生，不得不提到设计怪杰卢吉·克拉尼，他的设计理念是仿生学，就是仿照大自然来设计作品。

下面的图中展示了克拉尼的仿生设计作品。

如图 5-24 所示，这是一套在德国设计生产的椅子，是一家德国有名的家具公司生产的，现在世界上很多飞机场的 VIP 休息室都能见到这种座椅，在法国的飞机场也能见到这种家具。

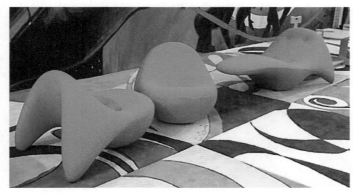

图 5-24　飞机场休息座椅

如图 5-25 所示，我们在家里熨烫衣服，如何让熨烫衣服的人有一个舒适的座椅呢？这是克拉尼通过实际的体验设计和生产的烫衣板。

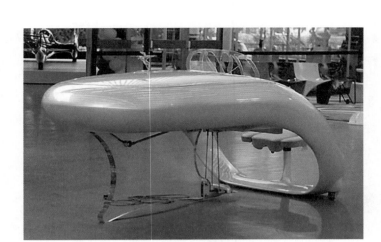

图 5-25　烫衣板及其座椅

如图 5-26 所示，这是一把皮制的椅子，做这个家具的设计理念是模仿母亲把孩子抱在怀里的那种温馨和亲切的感觉。

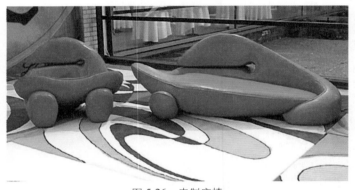

图 5-26　皮制座椅

如图 5-27 所示，这是一个用玻璃钢做的椅子，它有一个优点，不管多重的人坐上去，根据人体的重量会把当中的椅背往后靠，最后就靠在后面了，当时称它为晃动的椅子，坐上去特别舒服。仿生设计的内容可以从不同的角度切入，产生不同的层次和方向。

基于生物的特征认知与形态构成要素的相关性，可以将仿生设计的主要内容归纳如下：

图 5-27　晃动的椅子

（1）仿生物形态的设计。

仿生物形态设计是对自然生物体，包括动物、植物、微生物、人物的形态的认知基础上，寻求家具形态设计的创新与突破，强调对生物外部形态美感特征与人类审美需求的表现。

如图 5-28 所示，突出的唇形沙发设计反映了波普艺术特征，满足了人们的需要，唇形沙发戏谑式的设计语言和简洁而性感的设计造型使其成为经典。

图 5-28　Gfram1971 年设计的唇形沙发

如图 5-29 所示，1968 年推出的 Lou Bloum 人形座椅是奥利维·莫尔格的一件惊人之作。其独特的人形造型，由泡沫软垫和钢管组合有着超乎想象的舒适度，Lou Bloum 人形躺椅的舒适性和实用性使它成为美国纽约现代艺术博物馆永久收藏的作品之一。

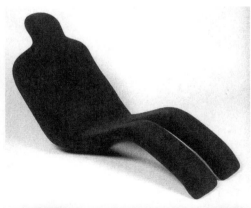

图 5-29　奥利维·莫尔格的 Lou Bloum 人形座椅

如图 5-30 所示，植物椅是布鲁雷克兄弟于 2008 年设计的最新作品。顾名思义，其设计灵感来源于植物世界，追溯到 20 世纪初的一种时尚，当时北美流行系统地修剪小树并细致地管理，使其长出类似椅子的形态，事实上无论是椅子的自然结构，还是通过高硬度聚氨酯材料实现的六种不同寻常的色彩，都是布鲁雷克兄弟通过不断实验和不断地挑战技术极限而实现的。它的高科技含量、独特的结构、缤纷的色彩、轻便的造型、可堆积的随意性，使它一经面世就受到了广泛欢迎，成为鲁雷克兄弟的代表作品之一。

图 5-30　布鲁雷克兄弟设计的植物椅

如图 5-31 所示是百合椅。日本设计师雅则梅田设计的百合椅的边缘部分被裁剪出不规则的起伏形状，与盛开的百合花形状神似，覆面材料采用黄色，也使整体家具贴近百合花的外形。

图 5-31　雅则梅田设计的百合椅

从雅则梅田以花朵为创作题材的系列家具作品中可以看出他在日本传统文化和西方文化之间所进行的有益的尝试和探索。她认为花卉的造型不仅仅可以体现自然美，而且可以代表日本文化中静穆、崇尚自然和热爱自然的特点，从而在传统文化和现代的冲突中找到一条具有日本文化特色的"和魂洋才"的现代设计之路。

（2）仿生物表面肌理与质感的设计。

自然生物体表面的肌理与质感不仅仅是一种视觉表象，更代表某种内在功能的需求，具有深层次的生命意义。通过对生物表面肌理和质感的模仿设计创造，增强仿生家具的功能意义和表现力。

如图 5-32 所示是巴斯库兰椅。柯布西耶的巴斯库兰椅贯彻了机器美学设计思想，追求造型中的简洁、秩序和几何形式，设计的作品像机器一样体现出一种功能性、理性和逻辑性。其视觉表现是以简单的立方体及其变化为基础，增加了模拟动物斑纹和肌理的表皮装饰。

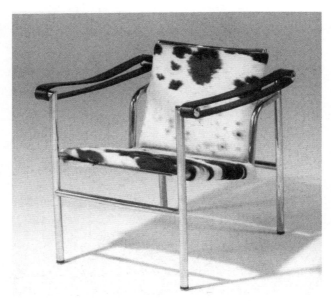

图 5-32　柯布西耶设计的巴斯库兰椅

巴斯库兰椅显得相当轻巧，也相当舒适，这把椅子主题构架的材料是钢管，用焊接方式接合而成。用作扶手的皮带就像是机器上的传送带一样，靠背悬挂在一根横轴上，可以旋转，能够最大限度地适应坐者姿势的变换。这更增添了一种机器上的运动感。

（3）仿生物结构的设计。

生物结构是自然选择和进化的重要结果，是决定生物种类和形式的因素，具有重要的生命特征与意义。结构仿生设计通过对自然生物由内而外的结构特征的认知，结合不同的家具概念与设计目的进行设计创新，使人工家具具有自然生命的意义和美感。

（4）仿生物功能的设计。

功能仿生设计主要研究自然生物的客观功能原理与特征，从中得到启示以促进家具功能的改进和开发。

（5）仿生物色彩的设计。

自然生物的色彩首先是生命存在的特征与需要，对设计来说是自然美感的主要内容，其丰富纷繁的色彩关系和个性特征对家具色彩设计有着重要的意义。

（6）仿生物意象的设计。

生物的意象是在人类认识自然的经验与情感积累的过程中产生的，仿生物意象的设计对于家具语义和文化特征的体现有着重要的意义。

5.1.4　创意实例分析

创意主题：以"坐"为主题的家具设计

主题分析：该主题是一个开放式的概念设计。从人每天都要发生的坐的行为开始思考和设计。课题没有具体地提出是设计椅子还是凳子等，而是还原人坐的最初始的行为，给设计师很大的发展空间。

1．灵感法寻找创意点

拿到这个题目，开始的时候我们的头脑是模糊的，但这个时候却是我们思维最敏锐的时候，因为我们还没有受到各个方面的干扰。我们可以以"坐"为核心展开联想，这里我们可以发挥想象力来寻找灵感。如图 5-33 所示，我们展开想象，从"坐"开始。图片中，黄色标签的词语是能够激发我们一定灵感的词语，我们把能激发我们灵感的词语积累起来，并进行组合，寻找新的以及可能实现的创意方向。

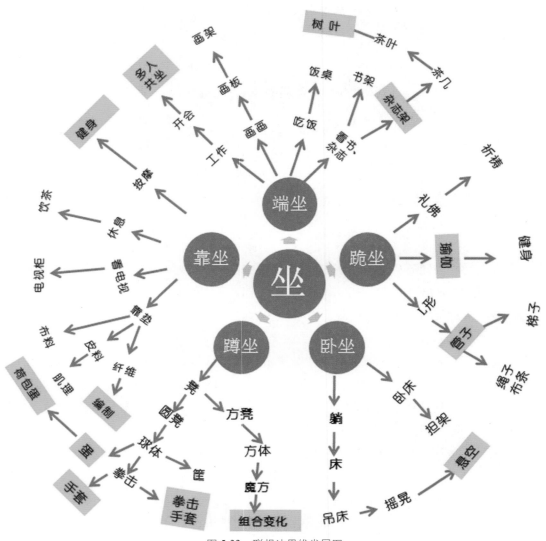

图 5-33　联想法思维发展图

（1）运动＋坐＝健身椅。

如图 5-34 所示是"champ"健身椅。2010 米兰设计周中，由德国设计师 Tobias Fraenzel 设计的一款两用沙发叫"champ"。除了可以坐人这个基本功能之外，把靠垫的红色部分向上挽起来，就立马变身成为一个沙包，酷吧！

（2）瑜伽＋杂志＋跪坐＝瑜伽椅。

如图 5-35 所示是瑜伽椅，可以以插接的形式有多种组合方式。可以成为凳子，可以用来做瑜伽，用作小桌或者是杂志架。简单的结构设计为我们带来了多重功能。

图 5-34　"champ" 健身椅

图 5-35　瑜伽椅

（3）多人共坐＋组合＋方体＝组合沙发。

如图 5-36 所示的组合沙发，折叠后可以形成靠垫，可以多人共同享受，或者靠坐，或者躺着，随你喜欢。

图 5-36　组合沙发

（4）拳击手套＋靠坐＝"拳王椅"，如图 5-37 所示。

（5）鸡蛋＋靠坐＝"蛋形椅"，如图 5-38 所示。

图 5-37　拳王椅

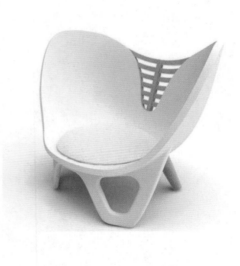

图 5-38　蛋形椅

（6）看书＋靠坐＋书架＝？

这种组合为我们带来了什么产品呢？这是一个圆形的书架，外形很另类，有棱有角，但是它的底部是弧形的，就像船的底部，看书的同时我们可以摇摆玩乐，这需要自己控制，感觉如同在摇椅上。书架的架子，大大小小各不相同，合计 15 个格子，可以容纳各种各样约 400 本的书籍，当然最终的容量还是要取决于使用者。两个对面的椅背，不管哪个方向都可以就坐，而且还可以调节，内置照明灯光，看书就方便多了，如图 5-39 所示。

如图 5-33 所示，其中的作品为我们带来了其他很多种组合方式的产品，可以激发我们的创意灵感。比如，茶几和凳子的组合、书和端坐的组合、编织和卧坐的组合、手套和靠坐的组合、苹果和端坐的组合等，如图 5-40 所示，你能发现这些家具是哪几种组合产生的设计灵感吗？以上的设计作品是由这些灵感组合形成的最终的设计成品。当然，他们的产生不是一蹴而就的，这期间我们省略了很多环节，包括市场调研、市场分析、定位、初步设计、修改、深化设计、模型制作等，最终才会得到了我们梦想的家具产品，但整个过程都是按照我们预先的设计灵感这条线索而展开的。

图 5-39　玩转书架

图 5-40　其他创意设计

2. 列举法寻找创意点

在这里我们使用希望点列举法。希望，就是人们心理期待达到的某种目的或出现的某种情况，是人类需求心理的反映和对美好愿望的追求，希望是创造发明的强大动力。

（1）使用方式的列举。

人在"坐"的时候，根据他不同的坐的动作，对座椅也有了不同的要求，我们对这些动作进行总结。如图5-41所示是单一考虑坐的使用功能形成的三种常见的使用方式：端坐、靠坐、卧坐，以及相关"坐"的方式设计的产品。

图 5-41　单一坐的使用方式以及相关设计产品

端坐、靠坐、卧坐是常见的三种坐的使用方式，当然如果细分还可以划分出：蹲坐、跪坐等。

当然我们在满足坐的功能的同时，一个坐具还可以同时具备其他使用方式，比如存放、储藏、工作等功能。

如图5-42所示是一个多功能的座椅。该座椅由两部分组合而成，可以通过各种组合方式实现靠背椅、凳子、工作桌，并且可以自由组合摆放，节省空间。

（2）使用功能的希望列举。

对于各种"坐"的家具，你希望能够满足你怎样的生活需求呢？就餐、工作、绘画、制图、休息、娱乐等，这些都是我们常见的需求。我们将这些列举出来，并和坐的使用方式进行自由组合，可以为我们带来很多种家具产品。如图5-43所示，产生了吧椅、按摩椅等。这需要我们进行详细的市场调查和研究。当然需求的不同，产生的产品也不同，对于人们对座椅的需求，大家还能列举出哪些呢？

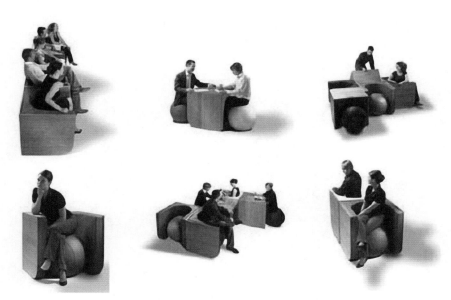

图 5-42　多种使用方式的组合座椅

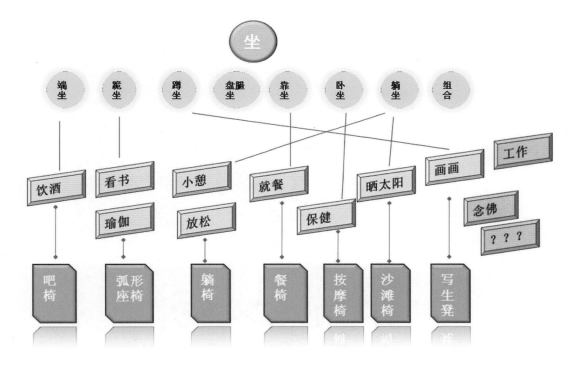

图 5-43　希望列举法分析图

　　当然人们对"坐"的家具的生活需求还可以无限地扩展，这里我们所列举的都是正常人正常条件下的需求。人们大多习惯于寻找正常人在正常条件下的需求，而忽略了某种特殊群体或正常人在特殊条件下的需求。如幼儿、盲人、聋哑人、残疾人、孤寡老人、住院病员、精神病人、左撇子和有特殊嗜好的人等。

　　以儿童的家具设计为例，儿童家具在设计时，我们要考虑到儿童的希望以及儿童家长的希望。不断成长的孩子，按照年龄段划分为：0～3岁、3～12岁、12～18岁三个不同的成长时期，使用的家具不仅仅是高度、大小需求的不同，兴趣爱好也不同，因此相应家具的配置也有不同的需求。比如3～7岁的幼童，对外界世界非常好奇、爱幻想，他们喜欢鲜艳的色彩和童话般的气氛，生活多以游戏为中心，需要较大的空间发挥他们的奇思妙想，让他们探索周围的小小世界。如图 5-44 所示是幼儿园桌椅，采用具象的设计，仿佛一个大玩具般，充满趣味性。

图 5-44　幼儿园桌椅

孩子不断成长，对于家长来说，有时则更希望拥有一个可调试的家具，这样可以适应孩子不同的成长时期。如图 5-45 所示是可调的儿童座椅。

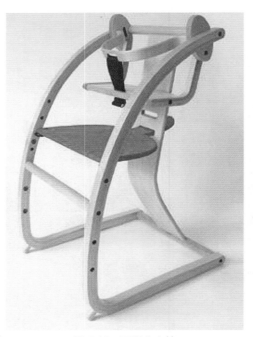

图 5-45　可调儿童椅

如图 5-46 所示，成人和儿童皆可以使用的彩色座椅"EVA 椅子"得到了一切覆盖，涉及到儿童的座位。除了美观俏皮和充满活力的彩色之外，EVA 也柔软、富有弹性，超级耐用，即使在最恶劣的"环境"下。更重要的是平面包装设计使用平面和形状形成对称的两半，一起用绳子固定，一些孩子和家长可以一起工作。而且它可以回收利用，环保、无毒，需要最少的能源，便于运输。

图 5-46　″EVA 椅子″

5.2　家具设计的程序

设计过程是有目的、有计划、按次序展开的，整个设计进程相互交错，循环反复。

对于设计师来说，就是在明确设计目标的前提下，通过科学的设计程序，全面研究与设计有关的各种设计因素，找出问题，并提出解决问题的方案以达到设计目的。虽然由于时代、国家、企业、个人想法的不同，设计程序会有所差异，但其内容一定会包含：接受项目、制定计划、市场调研，分析问题是产品设计的初始阶段，也是设计的准备阶段。我们在用设计观、设计思想来指导设计工作时，要有一个与之相适应的、科学合理的设计工作程序。由于工业产品造型设计所涉及的产品和行业非常广泛，不同产品的外观造型和内部结构的复杂程度也相差很大，再加上不同的企业对设计工作的要求也不尽相同，因而有时设计工作的程序就会有所不同。但是总的来说，每一件产品的设计还是有一个基本设计流程的，如图 5-47 和图 5-48 所示是设计师在产品开发过程中承担的任务。

基本流程：

企业提出设计要求——设计师接受任务制定计划——市场调研——设计定位——设计草图——效果图——结构设计——样机模型——生产制造——广告宣传——产品上市

图 5-47　基本流程图

图 5-48　设计师在产品开发过程中参与的程序

5.2.1 设计初始工作

1. 项目分析

所有的产品设计都是限定条件下的设计，都是有针对性的设计。它强调的是为人而设计，具体地说，就是站在他人的角度去思考产品的使用情况、使用方式和使用效果。所以，产品设计程序与方法的第一步就是选择设计目标，明确设计任务。了解企业开发设计新产品的目的，设计师才可能明确设计的目标，从而进行有目的的设计。

在这个时期，我们要明确企业的设计要求，区分仿制型产品、改进型产品、换代型产品、全新型产品之间的差别，确立产品设计方向。然后根据产品的内部机芯结构和机械原理，合理安排各部件与产品外部形态之间的关系。由产品的内部出发进行设计，使产品的外观和产品的功能能够很好地结合起来，这样设计从一开始就可以步入正轨。

2. 项目进程的时间计划

工业设计师在接受设计任务以后，必须在保证设计质量的情况下按时完成设计，要制定一个时间进程计划，并展示整个设计过程。

如果是委托的方案设计，这个时间表相对就比较简单；如果业主是委托的全部设计，这个时间表就应该包括设计过程、生产过程和销售过程几个不同的时间段，设计方一直要负责到该产品进入市场。

项目总时间表主要是把握和安排合理的时间计划，有助于业主统筹安排生产计划和销售计划，并确定生产投入规模与资金的阶段分配。

因此工业设计师在开始产品设计工作以前必须制定一套清晰、完整的设计计划，以保证设计工作的顺利进行，如图 5-49 和图 5-50 所示。因为我国大部分企业开始接触现代工业设计的时间都不是太长，所以很多企业对工业设计师开发和设计产品的工作程序还不太熟悉，特别是一些中小型高科技企业的技术人员，他们对产品的设计、生产的流程和时间周期都不太了解，所以工业设计师在制定设计计划时应该为企业提供完整的产品设计流程的简要说明。而且这个设计计划应该与产品设计的流程结合起来，这样设计师就可以根据设计的各个阶段的工作量和设计的难易程度科学、合理地分配时间了。

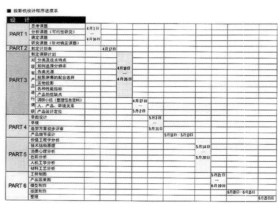

图 5-49 设计时间计划表（1）

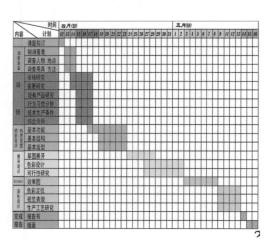

图 5-50 设计时间计划表（2）

5.2.2 市场调研分析

在现代社会中，人们的生活方式和生活内容更加丰富多彩，处于不同消费层次的消费者对工业产品的需求也更加多种多样。由于社会生产力的极大发展，生产企业之间的竞争也日益激烈。为了应对激烈的市场竞争，企业从一开始的提高产品质量、生产技术的改进、销售手段的变化和加强广告宣传，发展到现在的以产品的更新换代来满足不断变化的市场需求，这样就给工业设计师提出了更多的要求，使得工业设计师在产品设计中不得不更加重视市场调研的作用。

　　要想全面深入地了解消费者对产品的真实看法，工业设计师必须从各个角度全方位地对市场中的产品和消费者的情况展开调查。如图 5-51 所示是某儿童玩具的设计市场调研框架。

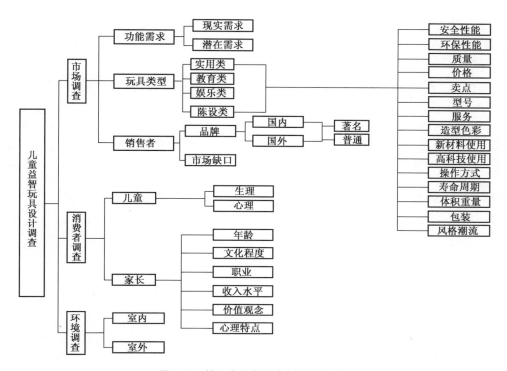

图 5-51　某儿童玩具设计市场调研框架

　　1．调研的准备工作

　　（1）针对设定的目标，限定调查范围。问题必须紧紧围绕这个范围，避免在一道问题中出现两个以上的问题，以免在统计分析中造成困难。

　　（2）所设计的问题要使被访问者容易理解，并应考虑到问题是广大消费群体普遍认知的问题，解答时不会发生歧义。

　　（3）应该根据不同问题的需要确定提问形式。设计问题的技巧和用语很关键，询问要明确着眼点，避免诱导性用语。问卷设计上要由简入繁，尽量使最初设计的问题有趣且容易回答。

　　（4）在个别访谈时，应该耐心倾听，不要打断被调查者的思路。调查问卷要面向广泛的消费群体，应包括不同年龄、性别、文化程度和职业类别的消费者，以获得普遍代表性的资料。如图 5-52 和图 5-53 所示是为不同类别消费群体设计的部分问卷。

　　2．调研的内容

　　（1）市场环境调研。

　　市场环境调研与分析的目的是了解企业生存环境的状态，找出与企业生存发展密切相关的环境因素。市场行情调研的内容是了解国际、国内及地区市场的商品行情，预测市场走势，研究市场行情变化对新产品开发的影响等。

　　（2）消费者调研。

市场中的消费者调研是要了解谁在这个市场内消费。企业可以通过市场调研把不同需求的消费者划分成不同的客户群，也就是将整个市场划分成若干个子市场。如可以把消费者按不同的年龄、性别、消费能力、文化水平等分成不同的消费层次，不同的子市场客户的需求存在明显的差别，市场细分有利于企业对客户的需求进行定量的分析，也有利于设计师针对目标市场有目的地开发设计新产品。市场细分还是市场需求预测的前提，也是企业准确选择目标市场的基础。

家长篇

1. 您孩子的年龄？
□ 0—3岁　□ 3—6岁　□ 6—9岁　□ 10岁以上
2. 您孩子的性别？
□ 男孩　　□ 女孩
3. 您的家庭月收入情况？
□ 2000元以内　□ 2000—5000元　□ 5000元以上
4. 您的文化程度？
□ 初中　□ 高中　□ 本科　□ 本科以上
5. 您的工作类别？
□ 教育　□ 政府机关　□ 职工　□ 其他
6. 通常您给孩子买哪个价位的玩具？
□ 100元以下　□ 100—500元　□ 500—1000元　□ 1000元以上
7. 您选购玩具时考虑的首要的条件是？
□ 宝贝需要　□ 易清洁　□ 易保管　□ 安全性
8. 您的孩子现有的玩具类型是什么？
□ 实用类　□ 娱乐类　□ 教育类　□ 陈设类
9. 您孩子的玩具使用周期一般是多长时间？
□ 1个月以内　□ 1个月—6个月　□ 一年以内　□ 一年以上
10. 您孩子的玩具使用情况怎样？
□ 您和孩子一起玩　□ 孩子一个人玩　□ 孩子和其他小朋友一起玩
11. 目前您对于孩子的教育开发比较注重哪些方面？
□ 技术与动手能力　□ 艺术方面　□ 综合知识与交往能力
12. 你将如何处理废弃的玩具？
□ 扔到回收站　□ 拆装利用零部件　□ 其它
13. 您对于目前玩具市场发展情况有哪些期望？
您的期望 ＿＿＿＿＿＿＿＿＿＿＿
14. 您通常会给孩子买哪些品牌的玩具？

图 5-52　调研问卷（1）

销售者篇

1. 您主要经营哪类玩具？
□ 实用类　□ 娱乐类　□ 陈设类　□ 教育类　□ 其它
2. 您经营的玩具主要有哪些著名品牌和普通品牌？
著名品牌 ＿＿＿＿＿＿＿＿＿＿
普通品牌 ＿＿＿＿＿＿＿＿＿＿
3. 您经营的玩具中哪些类型的玩具销售比较好？
＿＿＿＿＿＿＿＿＿＿＿＿＿＿
4. 您经营的玩具中哪些品牌更受欢迎？
＿＿＿＿＿＿＿＿＿＿＿＿＿＿
5. 您认为市场现有玩具，在类型，性能（安全，环保等），外观形态，材料等方面存在哪些问题？
＿＿＿＿＿＿＿＿＿＿＿＿＿＿
6. 您认为销量好的玩具有什么优势？
□ 高质量　□ 低价位　□ 安全，环保　□ 品牌效应
□ 造型色彩好　□ 高科技应用　□ 功能齐全，强大

图 5-53　调研问卷（2）

（3）产品调研。

对现有产品进行调研是对现有产品各方面的属性进行系统分析，如技术方面的可行性、使用方式、操作性能、人机关系、耐用性、维护性能等；现有产品的品牌定位、产品消费者的经济承受能力；在外观造型方面的风格特点、外观特征、色彩、质地、表面处理等；还有在经济方面的内容，包括产品的销售价格、制造和维护成本等。

当然，不同的产品在进行产品调研时调研的内容也是有差异的，就产品的设计情况而定。

解决问题的资料一般包括以下内容：

- 关于使用环境的资料和市场竞争资料。
- 关于使用者的资料；关于人体工程学的资料；有关使用者的动机、欲求、价值观的资料。
- 有关设计功能的资料、有关设计物机械装置的资料、有关设计物材料的资料。

如图 5-54 所示是在市场调查基础上所做的不同品牌手机发展情况的比较表，主要从时间、产品型号着手，利用坐标轴的分析图进行平行比较，从中能很清晰地观察到各品牌手机设计的发展情况，进而预测未来的发展趋势。

如图 5-55 所示，此类分析表都是在调查问卷的基础上所做的针对于目标人群的消费心理进行的分析和归纳，其目的主要是找到影响消费人群购买此产品的主要因素，为即将设计的产品做出更具体的设计定位。

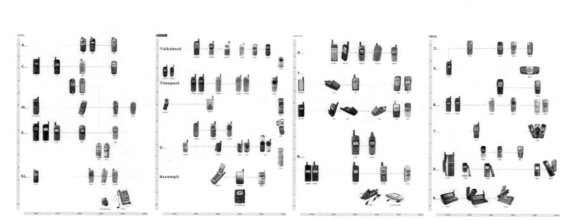

图 5-54 不同品牌手机调研表

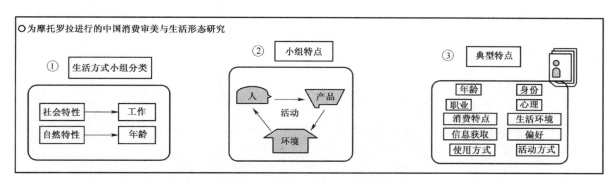

图 5-55 摩托罗拉中国消费审美与生活形态研究图

3．利用专利

全世界每年申报许多专利，而且其中发明的新技术有 90% ～ 95% 发表在专利文献上。但是我国目前专利真正发挥作用的还不足 10%。因此，借用专利构思创新、设计开发，是创造发明非常有用的方法。

21 世纪是个性化的时代，消费者的需求五花八门，且这种需求随着信息交流的增多也在不断地变化和发展。要做到真正地顺应市场的需求还有大量细致的调研工作要做。好的设计项目不是建立在企业决策层和设计师个人的突发奇想上的，要靠与新家具项目研发有关的决策层、设计师、管理者、营销人员、工程人员等的合作，针对用户的需求与期望找出潜在的市场空缺，对文化、经济、技术、材料、心理、行为等方面进行调查和分析，制造出被消费者认可的家具，以确保企业能够引领市场，获得收益。

如图 5-56 至图 5-58 所示是多功能办公桌的组合方式展示。

5.2.3　设计定位

我们要清楚设计调研最终是为了明确设计方向，得出设计定位，提炼设计理念，这些调研后的资料在经过分析总结后都可能是未来解决方案的基础。

1．定位的意义

（1）企业。

任何企业中的产品设计都是有限制的设计，这个限制的条件就是设计定位。设计定位是根据企业自身的条件和当时的市场情况确定的。简单地说，产品的设计定位就是指企业要设计一个什么样的产品，它的目标客户群是谁，为了满足目标客户的需要，它应该具有什么样的使用功能和造型特征等。

图 5-56　多功能办公桌多组组合方式一

图 5-57　多功能办公桌单组组合方式二

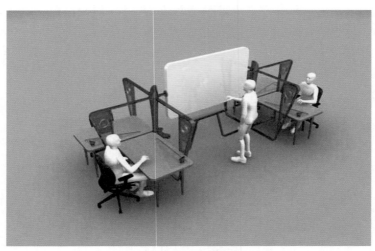

图 5-58　多功能办公桌组合方式三

（2）设计师在产品设计开始以前，一定要有明确的设计定位，如果没有设计定位，设计师的思路就会因为不受限制而漫无边际地任意发挥，这样就会失去产品设计的方向与目标，使设计师无法抓住和解决产品设计中的主要矛盾和关键性的问题。产品的设计定位要在市场调研与分析的基础上进行。只有经过充分的市场调研与分析，了解了市场中消费者的需求，工业设计师才能用比较客观、科学的尺度来给设计的产品以恰当、准确的设计定位。

2．如何定位

定位是在对前期所做的市场调研资料进行整理和总结的基础上，筛选出核心的问题。根据核心问题设计师应该充分发挥设计灵感，把问题转化为有创意的设计概念。所谓设计概念，就是指在调查分析的基础上将问题抽象化和具体化，将家具使用方式、功能、结构、造型等预想明确化。只有概念确立后，设计师才可能在这一概念的指导下展开具体的设计工作。设计的概念或者说定位直接关系到家具设计的成功与否。

如图 5-59 所示，这是在做日本家居设计之前所做的市场风格定位图。从该图表中我们可以很清楚地看到，在日本现有的市场中家居设计风格的主体是西方式和日本式的，其中综合了两种设计风格的折衷式的风格也占有一定的比例，而在现代西方、现代日本之间存在比较大的设计空白点，我们可暂且命名为新日本风格，这种设计风格由于是市场中缺少的，没有竞争对手，所以设计起来比较容易成功，这种方式就是用图表完成了设计定位。

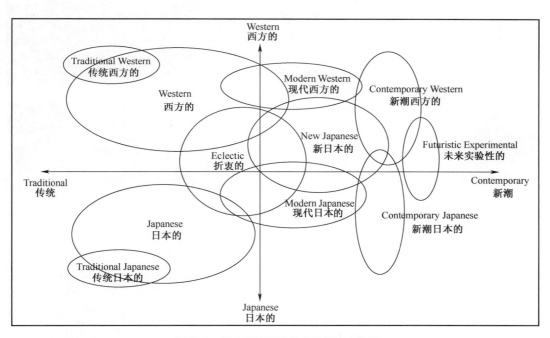

图 5-59　日本家居设计的市场风格定位图

5.2.4　设计展开

1．设计构思

此阶段的核心是创意，涉及的工作内容将是对设计定位以及前一阶段调查分析所得的信息资料进行研究总结。

新家具的构思基本包括两方面的思维活动：一个方面是根据得到的各种信息发挥人的想象力，提出初步设想的线索，另一个方面是要考虑家具及其发展趋势，提出具体的家具设计设想方案。构思阶段不要过分考虑限定因素，那只会影响我们思路的发展。但也要尽可能地接近于可行，这会提高设计的效率和成功率。

如图 5-60 所示是为某产品在定位的基础上罗列出设计的创意想法，并根据这一想法进一步开始设计。

图 5-60　某产品在定位的基础上罗列出设计的创意想法

如图 5-61 所示是在设计构思的基础上产生的最终设计图展示。

图 5-61　绿色音响设计

2．设计表达

设计构思是对提出的问题所做的多种解决方案的思考，而初步构思形成之后，就要对设计构思进行表达，表达的最有效的手段就是开始设计草图的绘制和制作草模。这是要做到手、脑、心 并用，要动手且用心地去实践。当一个新的形象出现时，要迅速用草图或者草模将它记录下来，这时的形象可能不完整、不具体，但这个形象有可能使构思进一步深化。通过反复思考就会使较为模糊的、不太具体的草图逐渐清晰起来。

如图 5-62 所示是某产品的设计草图，如图 5-63 所示是法国设计师 Philippe Starck 的椅子设计草图。

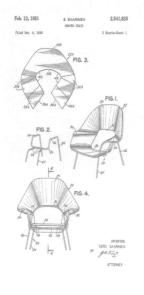

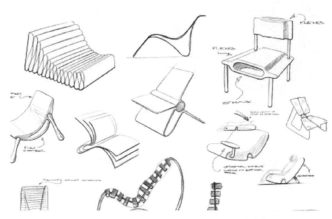

图 5-62　某产品设计草图　　　　　　　　　　图 5-63　Philippe Starck 的设计草图

如图 5-64 所示，学生动手绘制草图并尝试用雕塑泥制作草模。

图 5-64　学生动手绘制草图并尝试制作草模

　　草图和草模是设计师本人分析、研究设计的一种方法，是帮助自己思考的技巧。草图主要记录设计思考的过程，重点在表达创意形象，所以未必需要讲究技法。草模不用讲究材质和精致，可以省略细节，是设计师表达创意并研究造型形态、人机界面等最直观有效的方法和工具。

　　方案设计草图的进一步深化和细化，还要特别考虑材质、结构等方面的细节处理以及加工工艺的可行性等问题。人们对家具采用什么样的使用方式、有什么使用习惯、在什么场景中使用等都会影响家具的造型。对加工工艺的考虑虽然不像设计完成阶段考虑得那么深入，但至少要保证其外形能生产加工出来，不至于无法脱模或者花费很大的代价才能脱模。

　　如图 5-65 所示为某床前柜草模的制作。

图 5-65　床前柜草模制作

在设计基本定型后，要用较为正式的设计表现图和模型来表达设计。目前设计效果图可以分为手绘和电脑效果图两种。电脑效果图比较生动形象，我们可以从不同角度去观察产品，在不同的灯光和背景下渲染多种效果。对于未经过专业训练的项目委托方，直观的电脑效果图更能了解设计制造以后的效果，是帮助委托方建立信心和决定设计方案的必要手段。

3. 第一次设计评估

这一阶段接近结束时，设计师和相关的人员要进行设计评估和调整。从外观到内部结构，以及可行性等多个方面都要进行考虑，一般要在多个方案中筛选出 1～2 个比较满意的方案进行设计深化。如图 5-66 所示是某儿童学习桌的方案设计和学生根据多个设计方案所做的设计评估，设计评估以形象的图表进行总结。

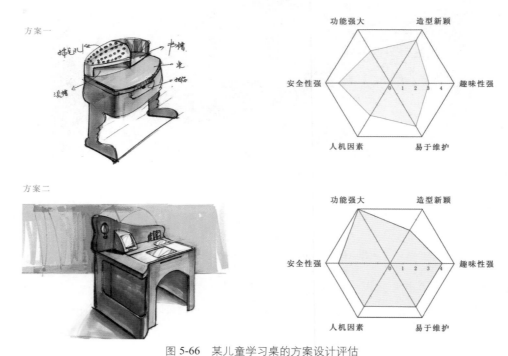

图 5-66　某儿童学习桌的方案设计评估

5.2.5　设计深化

在设计方案深化这一阶段，家具的基本功能、造型已经确定，在已经选定的新家具设计方案的基础上，需要做的是进行方案细节的调整和推敲，在相关技术方案通过初审后对该方案要确定具体的结构和主要技术参数，为以后进行的技术设计提供依据，这部分工作主要由设计师和结构师来完成。

1．推敲细节

检验设计成功与否，一般只要做一个模型就可以了。但为了更好地推敲技术的可行性，最好只做一个逼真的小比例模型，能充分表达出家具的结构和造型，并通过家具模型反过来检验设计图纸。家具模型为最后的设计方案提供了依据，也为后面的模具制作提供了参数。如图 5-67 所示是某电视品牌所做的电视细节设计分析图。

图 5-67　某电视品牌所做的细节设计

2．设计与结构

设计与结构的关系既矛盾又充满互动。合理的结构为设计提供了依据，反过来，优秀的设计也为解决结构技术问题提供了推动力。

3．设计表达

（1）设计效果图的表达。

手绘效果图的艺术表现力很强，表现手法也很多，因此手绘效果图目前还是一种非常重要的设计表现方法。传统手绘产品设计效果图的主要方法有：水粉画法、透明水色画法、喷笔画法、色粉笔画法等。

如图 5-68 和图 5-69 所示是张克非绘制的家具效果图。

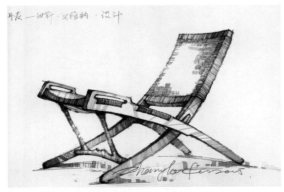

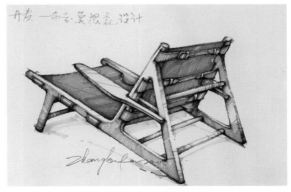

图 5-68　张克非绘制的家具效果图（一）　　　图 5-69　张克非绘制的家具效果图（二）

电脑效果图是 20 世纪末随着个人电脑技术的广泛应用而出现的一种全新的设计表现方法。目前它的实际意义已经不仅仅限于只是表现产品的外观效果。在产品设计中，设计师只要按照自己的设计思路给电脑输入相应的数据和指令，电脑就会将它转化成虚拟的三维图形。电脑三维效果图相对于手绘效果图主要优势在于，它对产品的细节表现非常完整和清晰，尤其是对一些在手绘效果图中容易被忽略的部分，在电脑效果图中将很容易被发现，使得设计师可以及时地进行修改和补充。同时，用一些专门的设计软件如 Alias、Solidworks、Pro/E 等建立的数码三维文件不仅可以作为效果图来进行设计的表达，而且还可以把它们用于结构设计，与计算机辅助制造系统的数据相衔接，直接用于模具的制造。

虽然计算机辅助设计的概念起源于20世纪60年代，但长期以来它一直被应用于复杂的机械设计中。国内的工业设计师最初接触计算机辅助设计，是从用 3ds max 和 Photoshop 软件绘制产品设计效果图，和用 AutoCAD 软件绘制工程图开始的。现在国内工业设计师常用的产品造型设计软件有 Solidworks、Rhinoceros、Pro/E、Alias、UG、3ds max、CorelDRAW、Photoshop 等。这些软件都有着各自不同的特点，它们有的可以单独使用，有的需要配合起来使用，有的适合工业设计师做产品造型设计，有的适合工程师做结构和模具。

（2）设计模型表达。

家具设计的模型表达方法很多，在之后的章节中我们会详细阐述。它是研究设计不可缺少的行之有效的方法，也是一件反馈、评估、交流沟通和决策生产的最有力的证据。

（3）设计制图。

设计制图包括家具设计平面、里面、剖面以及家具细节详图等。制图必须严格遵照国家标准制图规范进行。设计图纸为以后的家具结构设计提供了依据，也是对外观造型的控制。经常用到的计算机辅助制图软件是 AutoCAD。

如图 5-70 所示是用计算机制作的某椅子的设计制图。

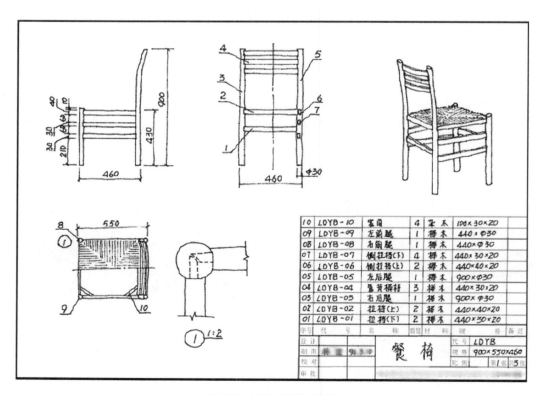

图 5-70　某椅子的设计制图

5.2.6 设计完成

1. 设计的完成

设计方案一般要在详细的评估和修改后再论证，再修改，根据最终设计方案进行手板制作，并做工艺上的设计。在设计方案阶段进行评估是方案模型，最终确定设计的评估是生产模型。生产模型是从各个方面对家具进行模拟，能够正确反映家具外形设计和结构工艺上的问题，更容易把握家具的感官效果、材料、人机关系等。生产模型完成后，便可以进入模具制造和小批量生产阶段，为正式生产做好准备。

完成设计是由设计向生产转变的阶段，一般完成家具设计方案到生产前还要经过方案的评估检验。

2. 设计方案的评价

（1）设计评价的重要性。

设计评价在工业设计中是十分重要的，是对设计目的的一个检验，也就是对设计定位的贯彻程度的考核，是对同时出现的方案最好最科学的比较手段，对方案选择更能科学地剔除人的感性经验和直觉因素。

在广义上把设计评价看做是产品开发的优化过程，将有助于我们树立正确的观念。

所谓设计评价，是指在设计过程中，对解决设计问题的方案进行比较、评定，由此确定各方案的价值，判断其优劣，以便筛选出最佳设计方案。在这里，"方案"的意义是广泛的，可以有多种形式，如原理方案、结构方案、造型方案等，从其载体上看，可以是零部件或总成图纸，也可以是模型、样机、产品等。

一般来说，评价中所指的"方案"其实质是指对设计中所遇问题的解答。不论其是实体的形态（如样机、产品、模型），还是构想的形态，这些方案都可以作为评价的对象做出判断。

（2）设计评价的意义。

首先，通过设计评价能有效地保证设计的质量。充分、科学的设计评价，使我们能在众多的设计方案中筛选出各方面性能都满足目标要求的最佳方案。

其次，适当的设计评价能减少设计中的盲目性，提高设计的效率，使设计的目标较为明确，同时也能避免在设计上走弯路，从而提高效率，降低设计成本。

此外，应用设计评价可以有效地检核设计方案，发现设计上的不足之处，为设计改进提供依据。设计评价的意义在于自觉控制设计过程，把握设计方向，以科学的分析而不是主观的感觉来评定设计方案，为设计师提供评判设计构思等的依据。

（3）设计评价的分类。

在设计中，评价一般是经常性的，也是形式多样的。为了对设计评价问题有一个较为全面的认识，可以对设计评价体系进行简单的归纳分类。

从设计评价的主体区分，有消费者的评价、生产经营者的评价、设计师的评价和主管部门的评价等几种评价形式。

消费者的评价多考虑价格、实用性、安全性、可靠性、审美性等方面；消费者关注的焦点是功能和价格；生产经营者多从成本、利润、可行性、加工性、生产周期、销售前景等方面着眼；生产经营者关注的焦点是成本、利润和市场销售前途；设计师则多从社会效果、对环境的影响、与人们生活方式提升的关系、宜人性、使用性、审美价值、时代性等综合性能上加以评价。设计师是综合考虑消费者和经营者的利益，在充分满足二者基本要求的前提下尽力从更广泛的角度进行设计评价。

（4）评价目标的组成。

设计评价的依据是评价目标。评价目标是针对设计所要达到的目标而确定的，用于确定评价范畴的项目。一般来说，工业设计的评价目标大致包括以下几方面的内容：

- 技术评价目标：如技术上的可行性和先进性、工作性能指标、可靠性、安全性、宜人性技术指标、使用维护性、实用性等。
- 经济评价目标：如成本、利润、投资、投资回收期、竞争潜力、市场前景等。
- 社会性评价目标：如社会效益、推动技术进步和发展生产力的情况、环境功能、资源利用、对人们生活方式的影响、对人们身心健康的影响等。
- 审美性评价目标：如造型风格、形态、色彩、时代性、创造性、传达性、审美价值、心理效果等。

一般来说，所有对设计的要求以及设计所要追求的目标都可以作为设计评价的评价目标。但为了提高评价效率，降低评价实施的成本和减轻工作量，没有必要把评价目标（实际实施的评价目标）列得过多。一般是选择最能反映方案水平和性能的、最重要的设计要求作为评价目标的具体内容（通常在10项左右）。如图5-71所示，图例为韩国某建筑大学学生根据评价原则对吸尘器形态设计所做的评价。在设计评价工作基本完成并获得许多评价数据信息时，如对其加以适当的处理，就会方便评定最佳方案，从而做出决策。下面讨论的是视觉化的处理方法，把评分结果转化为坐标点，从而确定与评价结果相对应的曲线，以方便评价决策，能清楚地看到某方案在哪些评价目标上有问题，以便进行改进和提高。如图5-72所示是评价标准组成的示意分析图。

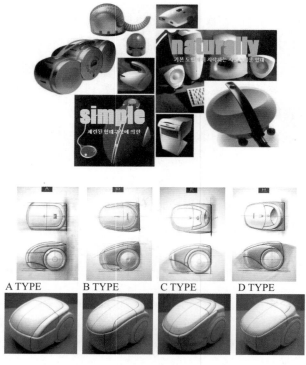

图 5-71　某吸尘器形态设计评价

5.2.7　实例分析

1. 儿童玩具设计程序

（1）设计初始，明确课题和制定时间表。

本课题是让学生设计一款儿童玩具，学生将设计的主要步骤与时间进程计划以图表的形式展现出来，如图 5-73 所示。

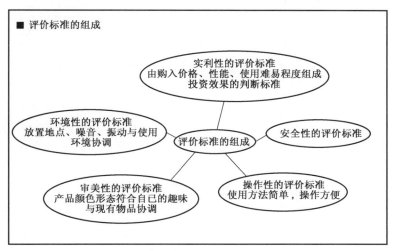

图 5-72　评价标准组成的示意分析图

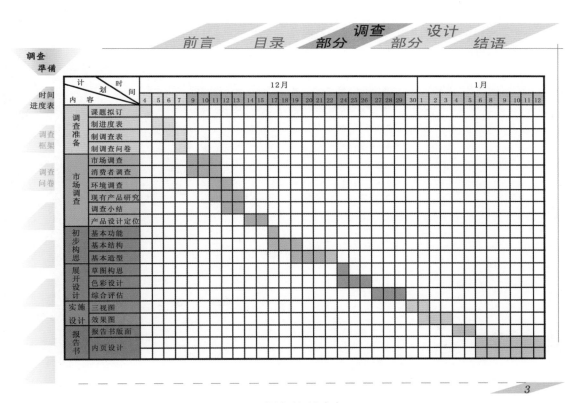

图 5-73　设计时间进度表

（2）市场调研与分析，调研准备工作和进行调研结果分析。

学生首先制定了调研的总体框架，从市场、消费者、环境三个方面着手，有条理地安排调研计划，避免调研疏漏，如图 5-74 所示。

消费者调研部分，学生根据消费者的情况安排了家长和销售者两张问卷，并以小组的形式组织问卷调查，并针对问卷结果进行结果分析，如图 5-75 和图 5-76 所示。

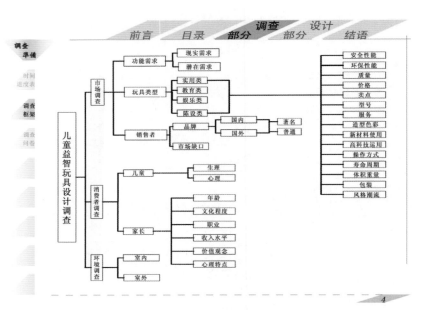

图 5-74　调研框架表

图 5-75　家长问卷

图 5-76　销售者问卷

问卷调研结果分析，从家长购买玩具最先考虑的因素、目前市场上主流玩家的类别、家长对玩具的期望内容，以及玩具的使用周期等方面做出了统计，并通过调研得到了第一手的资料，为后续设计做好了准备，如图 5-77 所示。

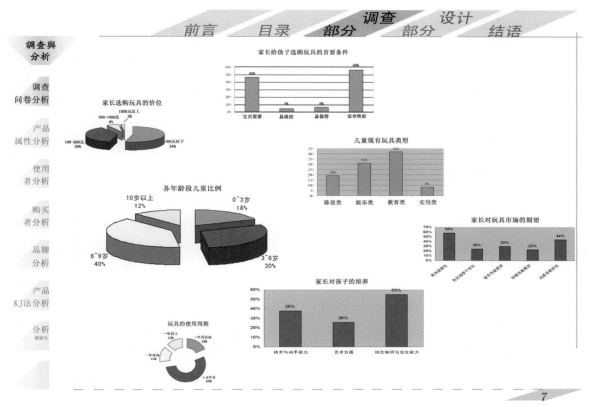

图 5-77 调研问卷分析

产品调研方面，分别从功能和形态属性方面进行资料的搜集和整理，并以图表的形式进行统计，如图 5-78 和图 5-79 所示。学生根据结果为自己的产品定位做准备。

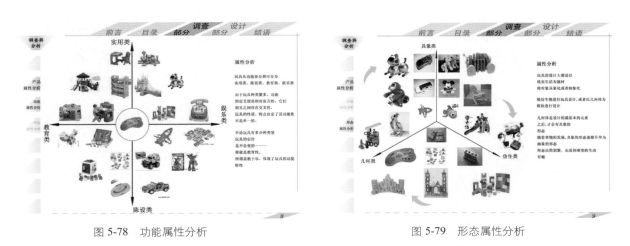

图 5-78 功能属性分析   图 5-79 形态属性分析

另外，学生对于使用者 0 ~ 6 岁的孩子，从心理和生理两个方面进行资料的统计和分析。对于购买者家长，从需求和心理两个方面进行资料的统计和分析，如图 5-80 和图 5-81 所示。

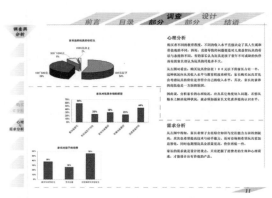

图 5-80　使用者心理与生理分析　　　　　　　　　图 5-81　家长心理与需求分析

（3）设计定位。

　　学生根据前期的调研分析得出结论，并针对结论定位此次设计产品的目标人群是 3～6 岁的儿童，产品的设计目标是教育类的儿童桌椅设计，以及大致的设计方向，如图 5-82 所示。

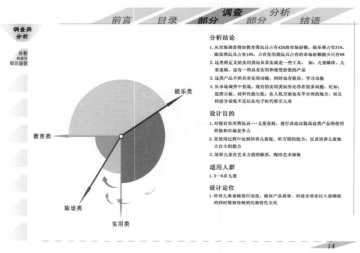

图 5-82　设计定位分析

（4）设计展开。

　　在定位的基础上，开始绘制大量方案。在设计草图中，找寻设计灵感，展开设计，如图 5-83 和图 5-84 所示。

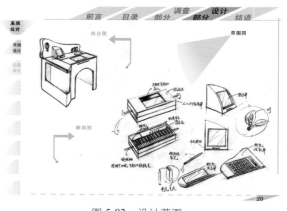

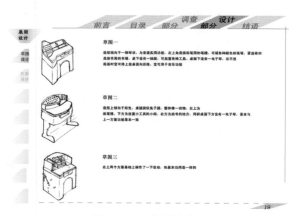

图 5-83　设计草图　　　　　　　　　　　　　图 5-84　细节设计草图

在这个阶段可以进行设计模型的制作，这比草图更加形象。但由于课程的时间安排，这里没有安排学生制作模型。

（4）设计深化。

在这个阶段，学生根据前期草图阶段选定 1 ～ 2 个方案进行深化设计。深化设计，从产品的色彩、细节、结构等方面进行设计，并绘制效果图和三视图等，如图 5-85 和图 5-86 所示。

图 5-85　方案一的色彩设计

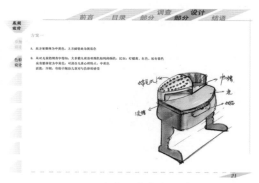

图 5-86　方案二的色彩设计

针对方案进行方案评价，选定方案后，根据方案绘制三视图，有必要的需要在生产前绘制零件图等，如图 5-87 和图 5-88 所示。

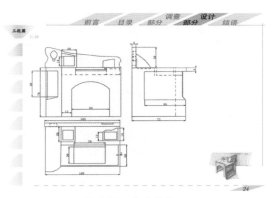

图 5-87　方案评价

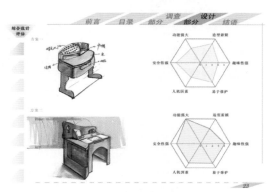

图 5-88　三视图

（5）设计完成。

设计完成阶段，在课题中安排学生展开自评，并以讨论的形式展开同学之间的互评，最后由老师做出专业性的评论。

2. 儿童多功能床设计

此次课题中，已经明确了设计的方向：设计一款儿童床。这里我们从设计定位开始，看看此次课题是如何展开的。

（1）设计定位。

以 3W+2H 的形式确定了设计的内容、使用的时间、为谁设计、什么场合使用、设计的目的、设计定位的风格、设计定位的价位区间，如图 5-89 所示。

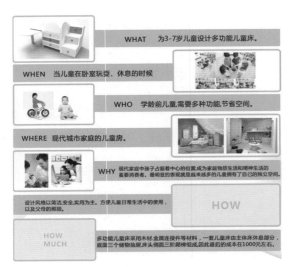

图 5-89　设计定位图

（2）设计展开。

制作效果图并进行方案分析，如图 5-90 和图 5-91 所示。

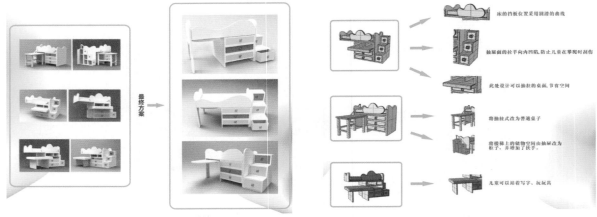

图 5-90　方案分析图　　　　　　　　　　　　　　　　图 5-91　方案设计效果图展示

（3）设计深化。

针对选定的方案进行人机尺寸和结构的分析，如图 5-92 和图 5-93 所示。

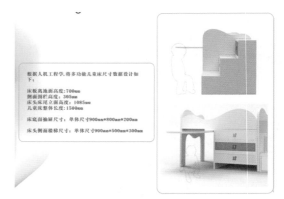

图 5-92　人机尺寸分析　　　　　　　　　　　　　　　图 5-93　结构分析

对方案进行色彩分析，如图 5-94 所示。

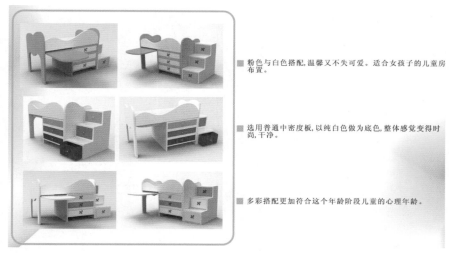

■ 粉色与白色搭配,温馨又不失可爱。适合女孩子的儿童房布置。

■ 选用普通中密度板,以纯白色做为底色,整体感觉变得时尚,干净。

■ 多彩搭配更加符合这个年龄阶段儿童的心理年龄。

图 5-94 色彩分析

利用 3ds max 软件制作产品效果图,最终渲染效果展示如图 5-95 所示。

图 5-95 效果图展示

1:2 比例模型制作,并在模型制作中分析产品的结构。产品模型制作过程如图 5-96 所示。

图 5-96 模型制作过程

实物模型效果展示如图 5-97 所示。

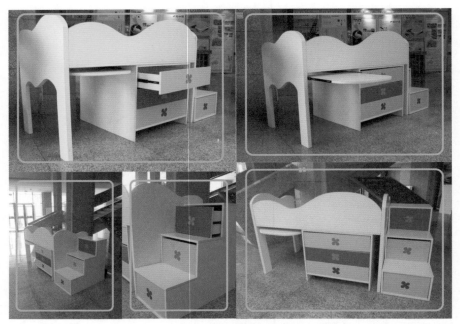

图 5-97　模型展示图

5.3　课后思考与练习

5.3.1　创意方法课后思考与练习

1．如图 5-33 所示，用联想的方法继续尝试找到有创意的座椅设计组合，组合方案不少于 3 个，并绘制方案草图。

2．尽可能多地列出日常用品，如黑板、课桌、电脑、钢笔、雨衣、日光灯、茶杯等物品的缺点，进而提出改进的新设想。

3．按希望点列举法为长期卧床的病人设计一种床，并绘制草图方案。

5.3.2　设计程序课后思考与练习

1．简要叙述家具产品设计中的一般程序。

2．试述设计评价对于产品设计的作用。

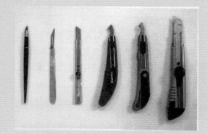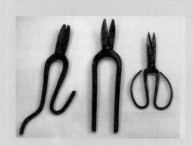

第6章　家具模型制作的常用材料和工艺

6.1　常用材料与工具

6.1.1　常用材料

1. 模型成型材料

模型成型材料是模型制作的物质基础。模型成型材料很多，选择时必须充分了解和掌握各种成型材料的材质、构造、性能、特点及加工方法，充分利用材料的内在特性和外在特性对产品模型的制作有重要意义。

常用的模型成型材料有黏土、油泥、石膏、木材、泡沫塑料、塑料型材、玻璃钢、金属材料等。如图6-1所示为应用黏土、油泥、石膏、发泡塑料材料所制作的模型。

图 6-1　应用各种材料制作的模型

2. 模型辅助材料

（1）胶粘剂。

产品模型成型材料的不同决定了使用不同的胶粘剂，如图6-2所示。常用的胶粘剂如表6-1所示。

表 6-1　常用的胶粘剂

种类	名称	特点	用途
环氧树脂胶粘剂	双组分快速胶粘剂（万能胶）	粘着力强，耐化学腐蚀性好，粘接范围广	粘接金属、玻璃、陶瓷、木材、塑料
丙烯酸酯胶粘剂	绿基丙烯酸酯胶粘剂（502）	常温下能迅速固化	除PE、PP、氟塑料、有机硅树脂外，对各种材料均有良好的粘接性

续表

种类	名称	特点	用途
酚醛—橡胶胶粘剂	酚醛—氯丁胶粘剂（401）	粘力强，韧性好	用于橡胶类制品与其他材料如金属、木材、塑料的粘接
乳液胶粘剂	聚醋酸乙烯乳液（白胶）	粘接力强，对粘接材料无腐蚀作用	粘接纸、木材、泡沫塑料
压敏胶粘剂	各种胶带	使用方便	界面处理辅助用料
溶剂型胶粘剂	三氯甲烷、丙酮	本身无粘性，只能粘接可溶于本身的材料	粘接有机玻璃、ABS 塑料

（2）腻子。

模型制作后期或者涂装之前，常用腻子填补不平整表面以提高产品模型的外观质量。腻子的刮涂要薄刮为主，每刮一遍待干，用砂纸打磨后再刮涂，再打磨，直至符合喷漆要求。如图 6-3 所示为原子灰及其固化剂。

图 6-2　各种胶粘剂

图 6-3　原子灰及其固化剂

（3）涂料（油漆）。

模型制作过程中，涂料是产品模型外观的重要表现材料，它既能保护模型表面的质量，又能增加模型的美观。由纸、泥、石膏等材料制作的研究模型一般不需要涂漆，需要涂漆的模型有木材、金属、塑料材料等。

常用的涂料有醇酸涂料和硝基涂料。

- 醇酸涂料。它是以树脂为主要成膜物质的涂料。醇酸涂料的主要特点是在室温条件下自干成膜，涂膜具有良好的弹性和耐冲击性，涂膜丰满光亮、平整坚韧、保光性和耐久性良好，且施工方面价格比硝基涂料便宜。

- 硝基涂料。硝基涂料是以硝化纤维素为主要成膜物质，加入合成树脂、增塑剂而成的溶剂自干挥发型涂料，又称喷漆。硝基涂料的最大特点是干燥迅速，但多数有毒，使用时要注意自身防护和通风。硝基涂料包括普通型硝基涂料和自喷型硝基涂料。如图 6-4 所示为各种手喷漆。

（4）辅助加工材料。

- 研磨材料：用于模型表面的修整处理，主要有砂纸、纱布、研磨剂等。砂纸分为粗砂纸、细砂纸、水砂纸等多种。如图 6-5 所示是各种砂纸。

- 抛光材料：用于模型表面的抛光处理。常用的有砂蜡和油蜡，操作时用一块绒布、海绵等蘸蜡后在模型表面反复擦拭，直至符合要求。

- 五金材料：在模型制作过程中，为满足产品模型结构和功能的要求，常使用一些五金材料，如各种钉制品、各种垫片（弹簧垫、平垫）、各种直径的钢丝及铁丝、各种五金配件（铰链、合页、搭扣、滑轮等）、各种电子材料等。

图 6-4　各种手喷漆

图 6-5　各种砂纸

6.1.2　常用工具

（1）量具。

在模型制作过程中，用来测量模型材料尺寸、角度的工具称为量具。常见的有直尺、卷尺、游标卡尺、直角尺、组合角尺、万能角度尺、厚薄规、内卡钳、外卡钳、水平尺等，如图 6-6 所示。

（2）划线工具。

根据图纸或者实物的几何形状尺寸，在待加工模型工件表面划出加工界限的工具称为划线工具。常见的有划针、划规、高度划尺、圆规、千斤顶等，如图 6-7 所示。

（3）切割工具。

完成切割加工的工具称为切割工具。常见的有多用刀、勾刀、剪刀、曲线锯、钢锯、小钢锯、管子割刀、割圆刀等，如图 6-8 至图 6-10 所示。

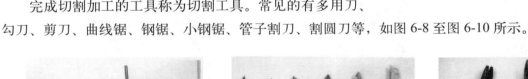

图 6-6　各种量具

图 6-7　划线工具

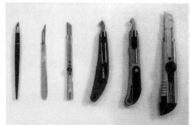

图 6-8　各种刀具

图 6-9　各种剪刀

（4）锉削工具。

完成锉削加工的工具称为锉削工具，锉削模型工件表面上的多余边量，使其达到所要求的尺寸。常见的有各种锉刀、砂轮机、砂磨机、修边机等，如图 6-11 至图 6-13 所示。

（5）装卡工具。

能夹紧固定材料和工件以便于进行加工的工具称为装卡工具。常见的有台钳、平口钳、C 型钳、手钳、木工台钳，如图 6-14 所示。

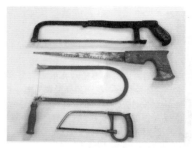

图 6-10 各种锯切工具

图 6-11 各种挫刀

图 6-12 砂轮机

图 6-13 雕刻机

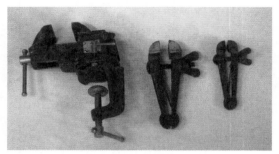

图 6-14 装卡工具

（6）钻孔工具。

在材料和工件上加工圆孔的工具称为钻孔工具。常用的有电钻、微型台钻、小型台钻以及各种钻头，如图 6-15 至图 6-17 所示。

图 6-15 台钻

图 6-16 各种钻头

图 6-17 手电钻

（7）冲击工具。

利用重力产生冲击力的工具称为冲击工具。常见的有斧、木工锤、手锤、木槌、橡皮锤等，如图 6-18 所示。

（8）鉴凿工具。

利用人力冲击金属刃口对金属与非金属进行鉴凿的工具 称为鉴凿工具。常见的有金工鉴、木工凿、木刻雕刀、塑料凿刀，如图 6-19 所示。

（9）装配工具。

用于紧固或者松卸螺栓的工具称为装配工具。常见的有螺丝刀、钢丝钳、扳手等，如图 6-20 和图 6-21 所示。

（10）加热工具。

图 6-18　各种锤子

图 6-19　各种凿刀

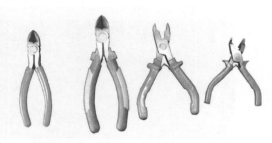

图 6-20　各种钳子

图 6-21　各种扳手

产生热能用于加工的工具称为加热工具。常见的有吹风机、塑料焊枪、电烙铁、烘筒，如图 6-22 和图 6-23 所示。

图 6-22　焊枪

图 6-23　电烙铁

6.2　常用成型材料及加工工艺

6.2.1　泡沫塑料加工工艺

1．泡沫塑料种类

（1）聚苯乙烯泡沫塑料，俗称保利龙。模型制作需要的聚苯乙烯塑料要求密度较高，颗粒较细小，材质较细。

用聚苯乙烯制作塑料模型时，由于表面颗粒不易于打磨匀细，因此不适合制作精致，以及复杂曲面造型、线型要求细致的复杂模型。

聚苯乙烯塑料板通常规格为 1000mm×2000mm，厚度有 3mm、5mm、8mm、10mm、20mm 不等。厚度不够时可以用乳胶粘贴。

（2）聚氨酯泡沫塑料，分为软质和硬质。软质的常用来制作软垫、海绵制品。

硬质的聚氨酯泡沫塑料具有坚实的发泡结构，具有较高的机械强度和良好的加工型。其性能和外观效果远远优于聚苯乙烯泡沫塑料，是良好的模型材料，适用于精细模型的制作，如图 6-24 所示。

2．切削加工

（1）冷切割。

用钢锯和切割刀具沿线进行切削加工，以获得初步形状。

（2）热切割。

根据泡沫塑料受热热熔的特性，利用电热丝通电发热后融化泡沫塑料的原理进行切割，如图 6-25 所示。

图 6-24 聚氨酯泡沫塑料块材

图 6-25 泡沫塑料的热切割

（3）打磨修整。

泡沫塑料材料经过切割获得大致形状后，用木锉和砂纸对其边角和边缘进行打磨，以获得所需形状。

3．连接

由于泡沫塑料与大多数溶剂和无机酒精溶剂的抗腐蚀性较弱，大部分胶粘剂对其产生腐蚀，因此用胶粘接时要慎重。通常选用乳胶或者热熔胶、两面胶等。

4．表面处理

（1）表面修补。

大面积修补，可以用同类材料补粘上一块，干后进行修整。

小面积凹孔，可用水与老粉和乳胶调和腻子灰进行修补。

（2）表面涂饰技法。利用修补法将表面修补平整，涂饰前涂刷隔离层，在隔离层上喷涂装饰材料。

5．常用工具

常用工具有美工刀、剪刀、钢板锯、钢丝锯、曲线锯、板锯、度量尺、划线工具、木戳、砂纸、电热切割机，如图 6-26 所示。

6.2.2　塑料板材加工工艺

1．塑料板材的种类

（1）ABS 塑料。

ABS 塑料是由丙烯晴和苯乙烯聚合而成的线性高分子材料，具耐热性和耐化学腐蚀性、抗冲击性，易于加工和着色等。

ABS 塑料的主要特性如下：

● 不透明，无毒无味。

图 6-26　电热切割机

- 耐热性差，热变形温度为 78℃ ~ 85℃，加热后可以塑制。
- 着色性好，表面经抛光或者打磨后喷漆效果好。

ABS 塑料的主要品种有板材、卷材、棒材、管材等，如图 6-27 所示。

（2）有机玻璃塑料。

有机玻璃塑料学术名为聚甲基丙烯酸甲酯塑料。

有机玻璃的主要特性如下：

- 有机玻璃密度为 1.18g/cm³，仅为普通平板玻璃的 1/2。外观无色透明而洁净，具有塑料中最高的透明性。
- 具有良好的加工成型性和着色性。板材加热软化后可进行塑制，可用溶剂粘接。
- 缺点是表面硬度较低，耐热性差，热变形温度为 95℃。

常用的有机玻璃品种繁多，各种颜色、厚度的板材如图 6-28 所示。

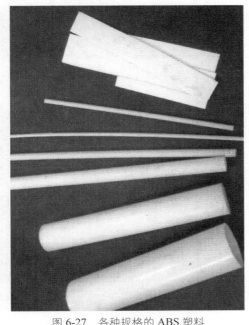

图 6-27　各种规格的 ABS 塑料

图 6-28　有机玻璃板材

2．塑料模型的制作工艺

（1）粘制工艺。

粘制是制作塑料模型的重要造型工艺之一。粘接对象的尺寸、角度、弧度的准确性和合理性以及粘接的角度等，将直接影响到模型的设计效果。

粘接用的材料与工具包括医用注射器、毛笔、方铁、各种溶剂等。

常用塑料及其常用粘接溶剂如表 6-2 所示。

表 6-2　常用塑料及常用粘接溶剂

塑料	溶剂
ABS	三氯甲烷、四氢呋喃、甲乙酮
有机玻璃	三氯甲烷、二氯甲烷
聚氯乙烯	四氢呋喃、环乙酮
聚苯乙烯	三氯甲烷、二氯甲烷、甲苯
聚碳酸酯	三氯甲烷、二氯甲烷
纤维素塑料	三氯甲烷、丙酮、甲乙酮
聚酰胺	苯酚水溶液、氯代钙乙醇溶液

粘接的主要过程：划线下料——尺寸修整——粘接——细部调整。

粘接时使用粘接溶剂（三氯甲烷），用医用注射器注入拼贴缝中，稍等片刻即可粘合。如图 6-29 至图 6-32 所示展示了粘制的主要制作过程。

图 6-29　划线下料

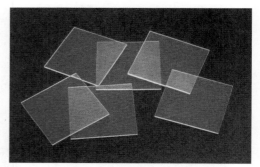

图 6-30　尺寸修正后的各个部件

图 6-31　粘贴

图 6-32　细部精修

（2）塑制工艺。

粘制工艺在产品模型制作中具有局限性，某些产品的形态，如曲面和双曲面造型，无法通过粘制来实现。塑制工艺可以弥补粘制工艺的缺陷。

要想获得塑制的形态，首先要制作塑制模具。塑制模具包括凸模、压模板和凹模。

1）凸模。

凸模的外形决定塑件的形态，直接影响模型的成型效果。凸模在塑制过程中由于压力或者吸力的作用与塑件材料紧密结合，因此制作凸模的材料应具备一定的强度，通常采用石膏、木材制成。

凸模的拔模斜度。塑料的拔模斜度与塑料的性质、收缩率、摩擦系数、塑件厚度、几何形状有关。热塑性塑料中的 ABS 塑料和有机玻璃是模型塑件最常用的材料，其拔模斜度在 2° 以内即可，凸模的拔模斜度不应超过此斜度，如图 6-33 所示。

2）压模板。

压模板是配合凸模进行塑制的空孔形板状模具，其孔型与凸模的平面投影形状相同，主要用于塑制弧面简单形态，如图 6-34 所示。根据凸模大小，选择 5mm 以上的胶合板或者中等密度的纤维板制作压模板。

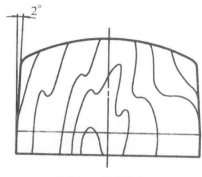

图 6-33　拔模斜度

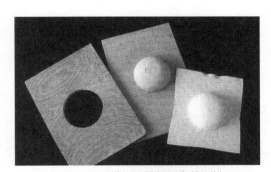

图 6-34　凸模与压模板配合的塑料

3）凹模。

凹模形态正好与凸模相反，用于与凸模对模热压塑制成型，主要用于塑制弧面有一定变化的形态，如图 6-35 所示。凹模的制作材料与凸模相同。

3．常用工具

塑料模型制作的常用工具有钢直尺、直角尺、高度尺、勾刀、什锦锉、平锉、砂纸、砂轮机、曲线锯、电钻、热风枪、烘箱、粘接溶剂或胶粘剂用注射器和叶筋毛笔，如图 6-36 所示。

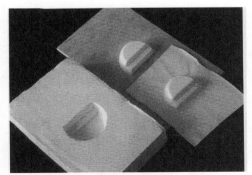

图 6-35　凸模与凹模配合的塑制

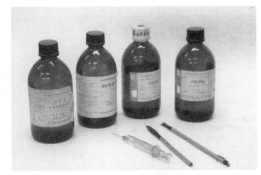

图 6-36　胶粘剂以及粘接工具

6.2.3　木质材料加工工艺

1. 模型用木材的种类及特性

制作木模型用的木材种类很多，可根据制作要求进行选择。根据材质，木材分为软木和硬木。

软木多为针叶树木，其质较轻，材质松软，易于切削加工。在模型制作中应避免用较薄的软木或者体积大的厚材或木块，因为过薄的木材易于折断，体积大的木块加工和修整较为复杂。

硬木多为阔叶树，其质较重，材质致密，虽然加工较为困难，但表面质感好，是制作模型的上好材料。

模型常用的木材种类有松木、杉木、柏木、核桃木、栗木、枣木、水曲柳、泡桐、梓木等，此外许多人造木质材料如胶合板材等也成为模型制作的常用材料。

2. 木材的加工方法

木模型的制作过程中，需要采用多种加工方法，包括锯割、刨削、钻削、铣削、锉削等。

（1）锯割加工。

木材的锯割加工是木材加工中用得最多的一种操作。按设计要求尺寸较大的原木、板材或者方材等沿纵向、横向或者任一曲线进行开锯、分解、开榫、下料时都要锯割加工，如图 6-37 所示。

（2）刨削加工。

木材经过锯割后，表面一般较为粗糙，因此必须进行刨削加工，经刨削后，木材表面平整光洁，如图 6-38 所示。

图 6-37　锯割

图 6-38　刨削

（3）凿削加工。

榫卯的凿削是木制品成型加工的基本操作之一，如图 6-39 所示。

（4）钻削加工。

钻削是加工圆孔的主要方法，如图 6-40 所示。

图 6-39　凿削

图 6-40　钻削

（5）铣削加工。

木制品的各种曲线零件，制作工艺复杂，木工铣削机床是一种万能设备，可用于截口、起线、开榫、开槽等直线成型表面加工和平面加工，又可用于曲线外形加工。

4．木模型构件的连接

（1）五金件连接。

（2）榫连接。

榫连接是木模型中常用的传统连接方法。为加强连接强度，可在榫头和榫空四壁均匀涂胶。

榫连接的优点是传力明确、构造简单、结构外露、便于检查。根据连接部位的尺寸、位置以及构件在结构中的作用不同，榫头的形式也多种多样，如图 6-41 和图 6-42 所示。

图 6-41　榫头形式

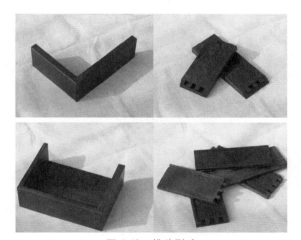

图 6-42　榫头形式

（3）胶连接。

常用的胶粘剂种类繁多，最常用的是白乳胶。其优点是使用方便，具有良好的安全操作性能，不易燃，无腐蚀性，对人体无刺激作用。

5．常用制作工具与设备

木模型常用的制作工具有钢直尺、卷尺、直角尺、木框锯、木锯、曲线锯、手提电动锯、各种木工刨子、手电刨、压刨机、凿子、斧头、锤子、电钻、摇钻、台钻、木锉、砂纸、打磨机、工作台面、胶粘剂、腻子和各种木工机械加工设备（刨床、铣床、车床等）。

6.2.4　金属材料加工工艺

1．模型应用金属的种类

金属是现代工业的支柱，金属材料的工艺性能优良，能够依照设计者的构思实现产品的多种造型，是产品模型制作的一类重要材料。

金属材料的性能可分为两类：一类是使用性能，是金属材料在正常工作条件下所具有的性能，它决定了材料的应用范围、使用的可靠性和寿命，包括材料在使用过程中表现出来的机械性能、物理和化学性能；另一类称为工艺性能，是指材料在制作过程中的各种特性，包括铸造性能、锻造性能、焊接性能和切削加工性能。

金属型材、板材、管材、线材是制作金属模型的重要材料。其中板材、线材在金属模型的制作中使用较多，常见的板材有镀锌钢板、镀锡钢板、无锡钢板、镀铝钢板，以及有机涂层钢板、不锈钢板、铝合金板、黄铜板等。

板材按要求可进行裁剪、弯曲、冲压和焊接。

2. 金属的制作工艺

（1）塑性加工。

在外力作用下，使金属板产生塑性变形，以获得所需形状，如图 6-43 所示为在手压机上用预先加工好的金属压模头从不同角度压制不锈钢板材料来获得金属勺的形状。

金属材料弯曲，大多数以较薄板材、直径较小棒材、各种直径较小管材为对象。加工形式分为冷弯和热弯两种。

模型加工通常以冷弯为主。

冷弯通常是在常温下进行直接弯曲。冷弯成型用于薄板或扁钢，或者直径较小的棒材。冷弯的方法是将要弯曲的材料在含钳口上夹持紧固，再用手锤锤击，弯曲成所需角度，如图 6-44 所示。

图 6-43　压形

图 6-44　冷弯

（2）切削加工。

金属模型制作通常采用切削加工，利用手工工具对金属工件进行划线、锯切、剪切、锉削、凿削、钻孔、攻丝等加工，完成零件的加工、装配和修整工作，以达到图纸要求的尺寸、几何形状和工件表面的粗糙度，如图 6-45 所示。

（3）连接工艺。

金属模型，一般由多种金属材料或者不同材料加工后组合而成，其零部件连接方法也多种多样，如焊接、胶接、螺栓、螺钉、螺纹连接等，如图 6-46 所示。

图 6-45　锉削

图 6-46　焊接

6.2.5　快速成型加工工艺

快速自动成型（Rapid Prototyping）技术是近年来发展起来的直接根据电脑数字文件快速生成模型或零件实体的技术的总称。用激光快速成型技术制作的产品样机模型俗称 RP 手板，它主要是用激光片层切割叠加或激光粉末烧结技术生成产品的模型或样件。制作产品的样机模型并不是它的全部内容，而只是这项技术应用的一个方面。如图 6-47 所示为快速成型制作过程。

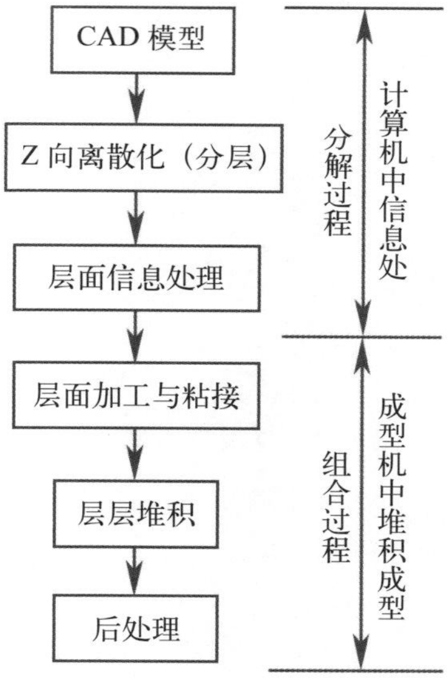

快速自动成型技术目前的主要用途有以下三大类：

（1）设计模型的制造，它使工业设计师设计的产品外壳和工程师设计的机器零件都可以通过这项技术快速地生成可以看得见、摸得着的实体模型。

（2）小批量生产，对于那些不能批量生产的零件，利用快速自动成型，或者是使用与之相关的快速模具来制造，成本会大大降低。

（3）模具加工，用快速成型法可以制造塑料模以取代传统木制仿形模，也可以生产精密铸造用蜡模。

激光快速成型技术制作产品样机模型的方式主要有以下两种：

（1）片层切割叠加成型。它是用电脑控制的激光束把纸张切割成所需要的截面形态，同时再把这些纸张片层累积并粘合起来，所形成的实体就是所需要的产品或零部件的造型。

（2）粉末烧结成型。粉末烧结成型是用电脑控制激光束扫描特殊的树脂粉末，激光束扫过的地方，树脂粉末就烧结成具有一定厚度的片层，这样反复地扫描和烧结，一个三维实体模型就制造出来了。

```
CAD 模型
   ↓
Z 向离散化（分层）
   ↓
层面信息处理
   ↓
层面加工与粘接
   ↓
层层堆积
   ↓
后处理
```

图 6-47　快速成型原理

（计算机中信息处理——分解过程；成型机中堆积成型——组合过程）

6.3　制作实例分析

1. 课题要求

选择 5mm 厚的泡沫塑料板材制作 1:10 的家具研究模型。如图 6-48 所示为模型效果图展示。

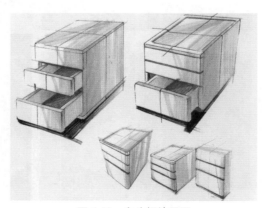

图 6-48　床头柜效果图

2. 课题分析

抽屉柜为板式结构，采用拼接制作。拼接时配合搭接关系，采用两面胶或者乳胶、热熔胶。

3. 制作步骤

（1）根据搭接关系，按尺寸要求裁切柜体的各种板材，打磨修整边缘以达到尺寸要求，如图 6-49 所示。

图 6-49　按尺寸裁切

（2）先粘接柜体内的内挡板，由内向外粘接，如图 6-50 所示。

（3）粘接柜体的后板、底板和上板。

（4）同样的方法的粘贴抽屉。

完成图如图 6-51 所示。

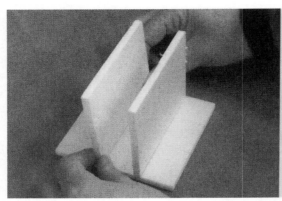
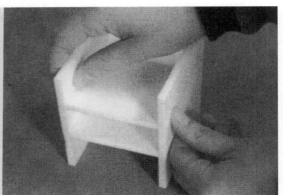

图 6-50　柜体粘接

图 6-51　各部分组装与完成图

6.4　课后思考与练习

6.4.1　思考题

1．试述家具模型常用的制作方法。

2．试述实木家具制作工艺中榫连接的优点。

6.4.2　练习题

1．如图 6-52 所示，分析图片，尝试使用泡沫塑料板材制作 1:10 比例模型。

半开口不贯通单榫　　开口不贯通燕尾榫　　斜角插入方榫　　斜角开口贯通双榫

图 6-52　框架结构中的榫连接形式

制作提示：按比例裁切各种板材——粘贴各个部件——各个部件进行组装——完成。

2．结合第 3 章所学的内容，利用木方制作一种榫连接结构，连接形式不限。如图 6-53 所示分别为框架结构和板式结构中的各种榫连接的形式。

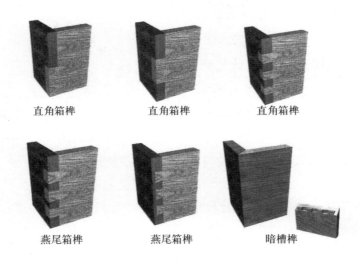

直角箱榫　　　　直角箱榫　　　　直角箱榫

燕尾箱榫　　　　燕尾箱榫　　　　暗槽榫

图 6-53　框架结构和板式结构中的榫连接形式

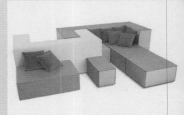

第7章 典型设计实例分析

7.1 "宜家"家具品牌的设计分析

7.1.1 "宜家"品牌理念与设计特点

宜家（IKEA）瑞典家具卖场创立于 1943 年，是北欧家具的重要杰出代表。它的产品设计精良、功能齐全、价格低廉，延续了北欧设计的传统理念。宜家在打造自己品牌的时候，为什么能够独一无二？宜家在概括自己的品牌理念时提到了三个短语：BEING DISTINCT、BEING EOMOTIONALLY RELEVANT、BEING CONSISTENT，意思是与众不同、关注情感、持续性。

1. 经营理念

融合创新精神和实用主义，再加上人性化设计，提供种类繁多、美观实用、老百姓买得起的家具用品；打造低价格，共同创造更美好的日常生活；与众不同，广泛的系列，精美、实用、高质、低价。如图 7-1 所示是宜家为了体现独一无二性并在市场上占有一定份额而制作的市场定位分析。

图 7-1　宜家市场分析

2. 销售策略

坚持将商品平板包装——不浪费空间、降低运费、全球采购、最佳价格。

让您自己组装选购家具——不额外支付工厂装配费用，享受新家具的动手乐趣。

在宜家购物配备笔和纸——参与购物的乐趣，记录产品名称、价格。

自己运走选购家具——因为大部分商品都采用平板包装，易于携带，节省费用，自行运送回家，当天享用新家具。

没有亦步亦趋的销售人员——自由闲逛，更加享受购物乐趣，有问题可随时咨询。

3．设计与制造策略

宜家设计、当地制造——几乎所有的宜家产品都是由宜家设计，在全世界的几十个国家和几千家供应商委托生产。

低价格的概念从设计草图阶段开始，每种宜家产品的背后都是由设计师、产品开发人员及商品采购人员组成，在全世界范围内选择生产供应商，确保以低成本、高品质来生产商品。

7.1.2　宜家产品设计实例分析

宜家延续了北欧设计的传统理念，是北欧家具设计风格的代表。北欧设计风格的特点是人情味、家庭气氛、传统风格、天然材料、手工艺、简约造型、独创性、不随风。

宜家始终坚持"DIFFERENT NOT BETTER"，意思是不一定是更好的，但一定要做到与众不同，宜家家具的设计在材质选择和结构设计上都有自己的特点，我们就从这两个方面来分析一下宜家家具的设计。

1．体现材质美

材质美是任何产品设计的基础，北欧家具设计师认为"将材料特性发挥到最大限度，是任何完美设计的第一原理"。宜家的家具也延续了这种设计理念，他们对材料的选择和搭配注入了相当的精力，致力于运用灵巧的技法，从木材、编藤、纺织物、金属等所有家具材料的特殊质感中求取最完美的结合表现，给予人一种非常自然、丰富、舒适、亲切的视觉与触觉感。在宜家设计作品中，有很多体现材质美的作品。

（1）斯比卡椅，如图 7-2 所示。

主要材料：实心山毛榉木、丙烯酸清漆

靠背档：实心橡木、丙烯酸清漆

设计师：M Vinka/J Karlsson

（2）南德尔椅，如图 7-3 所示。

图 7-2　斯比卡椅

图 7-3　南德尔椅

腿框：钢

座框：有色环氧树脂粉涂层

座托：未漂白纸、着色漆、丙烯酸清漆

脚：聚丙烯塑料

设计师：Mikael Warnhammar

（3）塞加椅，如图 7-4 所示。

主要件：实心山毛榉木

座托／靠背档：山毛榉木复合板

靠背：成型山毛榉木胶合板

设计师：Nike Karlsson

（4）英格弗儿童椅，如图 7-5 所示。

产品描述：实心松木

设计师：Carina Bengs

图 7-4　塞加椅　　　　　　　　　　　　　　图 7-5　英格弗儿童椅

（5）莱斯肯长凳，如图 7-6 所示。

产品描述：实心桦木

设计师：Anna Leckström

（6）少年书桌椅，如图 7-7 所示。

图 7-6　莱斯肯长凳　　　　　　　　　　　　图 7-7　少年书桌椅

产品描述：青少年转椅框架，成型山毛榉木胶合板、纸

设计师：Nicholai Wiig Hansen

（7）波昂扶手椅，如图 7-8 所示。

整体结构：100% 棉、榉木

头枕：聚氨酯泡沫 23 公斤／立方米、聚酯填料、粒面牛皮、非纺织聚酯

设计师：Noboru Nakamura

2．注重结构设计

（1）奇维沙发。

奇维系列沙发含有一层记忆泡沫坐垫，轻轻贴合身形，为您的需要提供承托，宽大的扶手有宽厚的衬垫，可以休息颈部，也可以坐在上面，如果添加贵妃椅和脚凳，更可以好好舒展身体，如图 7-9 所示。

图 7-8　波昂扶手椅

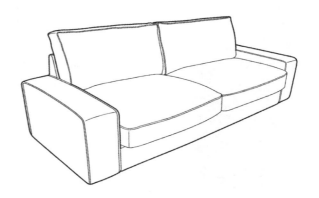

图 7-9　奇维沙发

奇维沙发通过结构的设计，可以让其短时间从沙发转变为双人床，如图 7-10 所示。

图 7-10　奇维沙发转换为双人床的过程

另外奇维沙发，看起来像普通沙发，但却有很多巧妙的功能，例如可以存放很多床上用品的扶手。如果需要更多空间，则可以添加座位下有储物格的脚凳，如图 7-11 所示。

图 7-11　奇维沙发扶手的收藏空间

（2）海尔默抽屉柜。

我们知道宜家最大的特色就是平板包装、自提和自己组装，宜家的设计师从设计结构时就考虑到这些因素。海尔默抽屉柜的设计是一个典型的代表。

产品材料：框架，采用染色环氧树脂涂料／聚酯粉涂料；主要件采用钢，染色环氧树脂涂料／聚酯粉涂料。

功能上每个抽屉上都有标签槽，便于分类和查找物品；带有脚轮，便于放在所需要的地方，是实用的储藏家具，可用于工作室或其他房间。

海尔默抽屉柜结构很简易，金属的柜体、平板的材料，您可以像折纸一样自己折叠和组装，充分发挥了消费者自己动手制作的乐趣，如图 7-12 至图 7-14 所示。

图 7-12　海尔默抽屉柜

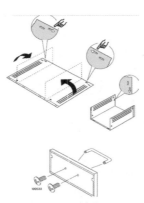

图 7-13　拆装图

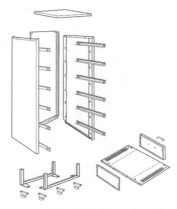

图 7-14　抽屉板材的折叠和组装

7.2　单元组合式家具设计实例分析

7.2.1　单元组合式家具的设计特点

设计师设计出单元各件，由使用者根据不同的需要进行自由多样化的组合，这是单元化设计的乐趣所在。同时，单元化的设计从形态上为用户拓展了灵活使用的可能性。现在市面上的成品家具大多一成不变，而单元组合家具新模式的再设计、再创作的核心思想迎合了现代消费者追求个性，期望与众不同的心理。

单元组合式家具的设计方法：

（1）相同的单元可以利用连接件或以本身形状优势多样连接。

（2）单元的形状由整体形状切割而成，从而形成配套的单元式系列家具。单元之间可分可合，显示了对环境的适应性能，也会吸引消费者成组地购买。

7.2.2　单元组合式家具设计实例

1. Orgy 沙发

Orgy 沙发，上部框架为木质，底部支架为镀铬金属，高弹性聚氨酯泡沫填充。作为现代化的坐具，这款沙发由设计师卡里姆·拉希德设计。

设计师将这款沙发设计起名为 Orgy Sofa，翻译成中文是狂欢的沙发。这款沙发采用了一大一小的设计风格，看上去就像妈妈在和自己的小宝宝玩耍，妈妈永远是张开温暖的怀抱，等待着小宝宝玩儿累了回到自己的怀抱。她们子母俩形影不离，家的感觉非常浓厚。这款沙发的优点是：您可以将"小宝宝"送回"妈妈"的怀抱，这样可以节省些空间，还可以坐在"妈妈"的身上，和前面的"小宝宝"玩耍，如图 7-15 所示。

　　Orgy 沙发平滑的设计曲线轮廓展示了简洁的设计风格，同时给人们带来了十足的亲切感。

　　2．多功能管状椅（Tube Chair）

　　Tube Chair 由意大利现代设计先锋——约·科伦博设计。整个椅子由膨胀材料的半硬性塑料覆盖，由金属和橡胶钩子构成。它是一个可组合的扶手椅，但看起来像一个游戏。不同直径的同心圆柱盖着一层色彩亮丽的松紧布料，它们可以很容易地抽出来再重新进行组合，这样就获得了不同的方案：高椅子、矮椅子、长椅子、沙发、轻便躺椅、长沙发。它们的形状干净、纯粹、好玩，但也相当合理和舒适，通过简单的钩子就能根据各自的爱好来组合。椅子的传统类型被完全解构，座位和靠背因采用同一种圆柱体而变得一模一样，使它们成为可用的是用户本人的工作，他可以根据需要和情绪的变化而改变它的形状。最初，可组合的圆柱被放在一个如同睡袋那样的麻布口袋中，这样它们就能很轻易地被携带到任何地方：阳台、沙滩或农村的别墅中，如图 7-16 所示。

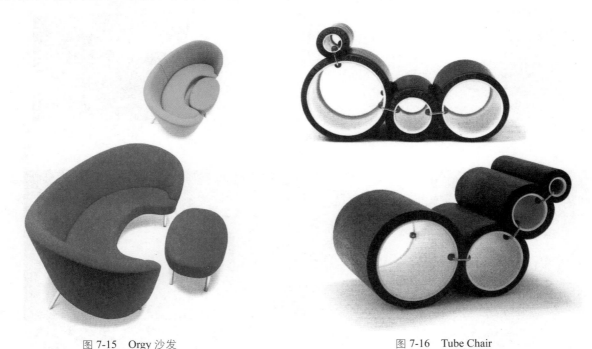

图 7-15　Orgy 沙发　　　　　　　　　　　图 7-16　Tube Chair

　　3．"斗"组合书架

　　"斗"，由侯正光设计，在中国设计大奖赛中获得二等奖。斗在古代是计量单位，也是传统的盛测稻麦的工具，而当用这些梯形小斗组成储物柜时，显得既严谨又有亲和力。45°直角梯形还是个活跃的形状，可以被组合成各种结构，规则的，抑或突兀的，如图 7-17 和图 7-18 所示。

　　4．SUPERONDA 组合沙发

　　SUPERONDA 组合沙发于 1967 年由阿基佐姆事务所设计，材料为聚氨酯泡沫塑料。它是一个罩着发亮的涂塑布面的聚胺酯泡沫塑料六面体，被正弦曲线分成两半，这个曲线仿佛海浪，具有明显的波普口味，其画面效果让人联想到幻觉艺术中经常出现的主题。技术上，这是 20 世纪 60 年代下半叶设计的最早的无骨骼家具之一（同年的另一个例子是 Malitte，一个由五个元件组成的超现实主义风格的沙发，每个组件可以独立，变成四个舒服的座位和一个墩状软垫）。在设计方面，它是不堪忍受并对抗主流及优美设计的最具挑衅力的范例之一：阿基佐姆事务所的年轻人（佛罗伦萨大学建筑系抗议派学生）创造了一个全新的种类，它使同一物件的两部分可以既被用作沙发，又被用作扶手椅、搁板或环境雕塑，如图 7-19 所示。

图 7-17 "斗"组合一

图 7-18 "斗"的单体与组合二

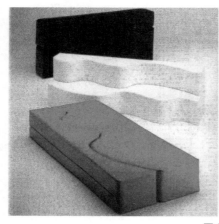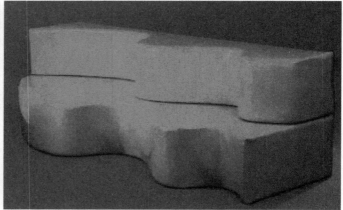

图 7-19 SUPERONDA 组合沙发

5. 单元组合式家具设计实例欣赏

该组合沙发有多种组合方式和多种色彩搭配，如图 7-20 至图 7-22 所示。

Cube 立方，由 Kaori Shiina 设计。凳子形状十分可爱，大的像逗号，小的像豌豆。可以像积木一样自由摆放在一起。底座为木材，由聚氨酯装饰，另外还可以作为咖啡桌使用，如图 7-23 所示。

Pkolino 儿童桌起到两个作用，弯曲的木桌既是桌子也是梯子，可以拿掉的泡沫泡是各个部分的连接件，也可以成为追逐游戏的球，泡沫的凳子可以变成一个火箭。各个单体可以让孩子发挥想象自由组合，既是玩具又是家具，充满乐趣，如图 7-24 所示。

图 7-20　沙发组合一

图 7-21　沙发组合二

图 7-22　沙发组合三

图 7-23　Cube 立方

克里克儿童书桌和椅子套件，完美地帮助父母实现了节省空间的愿望。展开是宝宝的桌子和椅子，收起就是一个收纳柜。它的可爱设计让宝宝爱上收拾玩具和书籍，如图 7-25 所示。

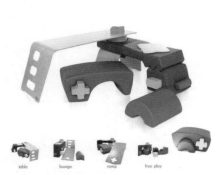

图 7-24　儿童桌设计

图 7-25　儿童组合桌椅子设计

7.3　课后思考与练习

7.3.1　市场考察

利用 4 学时左右的时间进行宜家家居实地考察，搜集图片资料并进行分类，列举其中自己最喜欢的五个家具，并试述喜欢的原因。

7.3.2　资料收集

课下搜集单元组合式家具设计作品不少于 10 个，并在课堂上从造型和结构等方面讲述其设计特点。

3 欣赏部分

第8章　国内作品欣赏

8.1　国内经典设计

中国古代家具是我国优秀的工艺美术品之一，其中最具代表性的明清家具同中国古代其他艺术品一样，不仅具有深厚的历史文化底蕴，而且具有典雅、实用的功能，令人回味无穷，能充分地表现设计者的思想与气质，体现时代的特征和人文气息，富有特殊的文化内涵。明清家具生产过程中不使用一钉一铆的"榫卯"接合方式更是让世人赞叹，并且制作这些家具所选用的都是数百年来最为名贵的几种木材——黄花梨、紫檀等，这些木材可以历经数百年而不涨裂、不变形、不腐蚀。也正是因为这样，明清家具自然而然地被赋予了更多的传奇性。

图 8-1　明，红酸枝皇宫圈椅

点评：如图 8-1 所示，红酸枝皇宫圈椅是明式家具圈椅的代表，明代圈椅保留了简单的流畅造型，少带甚至不带雕花设计，设计感重，造型接近现代简约风格，颇具时尚感，圈椅标志性的靠背与扶手相连一体的圆弧设计，加上背板"S"形的设计，更能贴合人体脊椎骨的曲线，使坐上去的人腰背都得到充分放松。

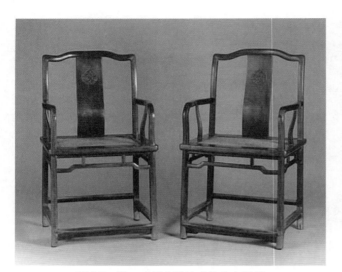

图 8-2　明，鸡翅木雕螭虎纹南官帽椅　　　　　　图 8-3　明，花梨四出头官帽椅

　　点评：官帽椅以其造型酷似古代官员的官帽而得名，明代的官帽椅主要分南官帽椅和四出头式官帽椅两种，如图 8-2 所示的鸡翅木雕螭虎纹南官帽椅和如图 8-3 所示的花梨四出头官帽椅是明代官帽椅两种类型的经典之作，优雅简洁的造型十分符合人们追求"简约、神逸"和"天然、幽雅"的思想，成为他们精神寄托的首选。明代中后期，由于南洋高级木料源源不断地输入，使这种框架式造型的椅子有了充足的原料保证，使"官帽椅"成为了明式家具中最典型的代表。

图 8-4　明，黄花梨三弯腿螭龙纹炕几

　　点评：炕几是矮型家具，既可在床榻上使用，又可席地单独使用，如图 8-4 所示的明式黄花梨三弯腿螭龙纹炕几，选料黄花梨，几面攒框镶独板，冰盘沿下起阳线，线下束腰，三弯腿成外翻卷云足，牙板浮雕螭龙纹，凸显出明式几案类家具的特点，造型简约，曲线婉转，典雅古朴。

图 8-5　明，花梨藤心大方杌

点评：如图 8-5 所示的花梨藤心大方杌同样为明朝家具中几案类的经典作品之一。造型设计上仍然保持明朝家具设计一贯的艺术风格：简（造型洗练）、厚（感觉敦厚）、精（做工精巧）、雅（气质典雅），结构为榫卯连接的框架结构，不加油漆修饰，体现材质本身的美感。

图 8-6　明，黄花梨坐墩

点评：如图 8-6 所示的黄花梨坐墩属坐卧类明式家具的凳的典型代表，该鼓凳为海黄材质，又叫绣墩，整体形状似鼓，面呈圆形，置瘿木面心，插肩榫结构，面下与托泥上端环饰乳丁纹及玄纹，为标准的明朝纹饰。此凳腔体六开光，腹径较大，牙板设为披肩式，托泥下设龟足，极具明式凳类家具的敦厚之美感。

图 8-7　黄花梨镶绿端插屏

点评：如图 8-7 所示的黄花梨镶绿端插屏是明式家具屏具类的代表之作，边框边抹打洼，委角，绿端石外围一周以短料格肩出长方形状，屏心镶绿端石，纹理自然成景，天然山峦风光变化万千；屏座雕抱鼓墩，上安立柱，以透雕螭龙站牙相抵，立柱间安双龙捧寿披水牙子，极具屏具类家具造型敦实有力、设计独特的特点。

图 8-8　明，黄花梨书柜

点评：如图 8-8 所示的明代黄花梨书柜是典型明代家具庋具类的精品，四面平式，正面柜门对开，攒框镶板，带中柱锁门，且在中上位置格肩横枨装板，把书柜分为上下两层，便捷实用，四脚高起，装门式牙板，背部髹黑漆，造型简洁利落、柔婉秀丽。

图 8-9　清，乌木七屏卷书式扶手椅

图 8-10　清，湘妃竹黑漆描金菊蝶纹靠背椅

点评：如图 8-9 所示的乌木七屏卷书式扶手椅和图 8-10 所示的湘妃竹黑漆描金菊蝶纹靠背椅是清式家具各时期中典型的椅类设计作品，乌木七屏卷书式扶手椅造型方正，用材圆润，构架空灵，保持了明式风格，但其座围采用攒框和活杆拼接，使后背垂直，则为由明向清过渡转化的风格特征；湘妃竹黑漆描金菊蝶纹靠背椅朴素清雅，结构简洁工整，竹制构件与黑漆椅面、背板相互衬托，为典型的清中期家具风格。清式家具中的椅类家具由明式家具的简洁造型逐渐向做工极精，极尽雕饰、贴金之能事方向发展，异常华丽，结构上为榫卯连接，体现出一种华丽的结构美。

图 8-11　清，榉木夔龙纹圈椅

　　点评：如图 8-11 所示的榉木夔龙纹圈椅是典型的清式榉木家具。造型流畅俊美，舒展有度，三弯背板呈"S"形，中间方形开光，四边雕夔龙纹，曲线灵动，雕工精湛，体现了清式家具的典型装饰特点。

图 8-12　清，紫檀炕几

　　点评：炕几在北方地区颇为流行，清代宫廷、贵族等多有使用，如图 8-12 所示的紫檀制炕几，方正规矩、榫卯连接、简洁大方，几面打槽攒框装板心，牙板镂雕拐子龙和吉庆有余纹，腿间装挡板，浮雕双蝠捧寿纹，展现了清代几案类家具独具匠心的造型和装饰特点。

图 8-13　清，紫檀雕夔龙纹大画案

图 8-14　清，鸡翅木三镶瘿木翘头案

　　点评：如图 8-13 所示的紫檀雕夔龙纹大画案和图 8-14 所示的鸡翅木三镶瘿木翘头案是清代家具中几案类的典型设计作品。紫檀雕夔龙纹大画案体型硕大且用材厚重，面攒框镶板，高束腰，外侧铲地浮雕夔龙纹式，间隔插入如意云纹，此大画案四面平式，做工精细，集高雅与肃穆于一身，是清前期及中期最为成功的家具风格写实；鸡翅木桌面镶三块瘿木，小翘头，腿足起边线，足部有雕饰，两侧加两条横枨起平衡加固作用。牙头透雕拐子回纹，为简练大方的造型增添了几分活泼。此典型作品反映了清代几案类家具的独特风格。

8.2 国内现代设计师作品

朱小杰：现任中国家具协会设计专业委员会副主任、上海家具设计专业委员会主任、澳珀家具首席设计师，是中国家具设计的杰出代表之一。

图 8-15　朱小杰作品欣赏

点评：如图 8-15 所示的朱小杰的家具作品具有中国家具的元素、西方现代家具的概念，以及来自古朴、炎热的非洲大陆生态之地的意象，混杂在一起，交相辉映。朱小杰有着独特的设计思想，设计作品新颖，用他熟悉的结构材料丰富着他的另类设计人生。

伍炳亮：工艺美术大师、中国传统家具专业委员会副主任、中国明式家具学会理事、中国收藏家协会古典家具收藏委员会副主任、伍氏兴隆明式家具艺术有限公司董事长，从事明清家具收藏、研究以及设计制作超过三十年。

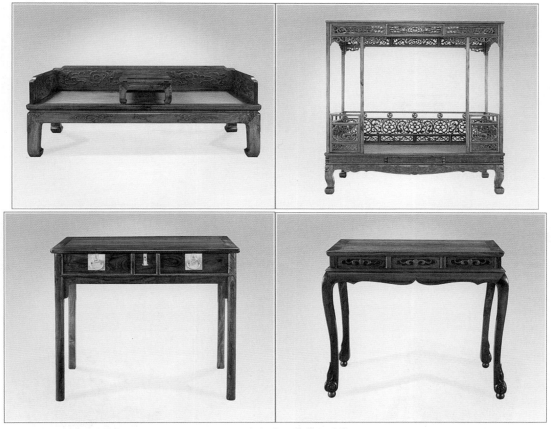

图 8-16　伍炳亮经典作品欣赏

点评：如图 8-16 所示为伍炳亮经典作品，涉及古典红木家具的设计制作，作品颇具功力，富有时代气息，符合时代要求。在长期的实践中，逐步完善了设计理念、制作思路，努力追求古典红木家具制作"型、艺、材"的兼备、继承与创新的并重和实用功能与丰富文化内涵的融合。

8.3　课后思考与练习

8.3.1　思考题

1．中国的家具设计在继承古典家具的基础上呈现出哪些方面的特点？

2．中国现代的家具设计呈现了怎样的发展方向？

3．搜集有特点的现代家具设计作品，并进行作品分析。

8.3.2　练习题

选择喜欢的中国家具设计师，分析该设计师的作品风格，并写一篇设计评论。

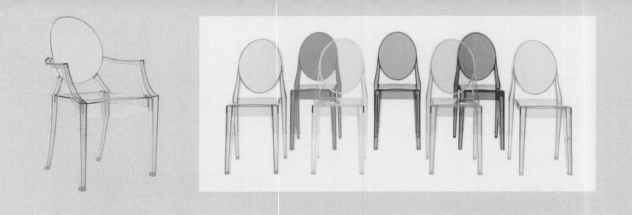

第 9 章　国外作品欣赏

9.1　国外经典设计

图 9-1　巴塞罗那椅

　　点评：如图 9-1 所示为经典家具作品巴塞罗那椅，由德国设计师密斯·凡·德·罗设计。该设计师设计采纳了鲍豪斯建筑学派的风格，多运用造型中的点的装饰构成元素。巴塞罗那椅是现代家具设计的经典之作，为多家博物馆收藏，它由成弧形交叉状的不锈钢构架支撑真皮皮垫，非常优美而且功能化，两块长方形皮垫组成坐面（坐垫）及靠背。椅子当时是全手工磨制，外形美观，功能实用。巴塞罗那椅的设计在当时引起了轰动，地位类似于现在的概念产品。

图 9-2　Grand Comfort 沙发椅

图 9-3　柯布西耶躺椅

点评：如图 9-2 所示的"豪华舒适"（Grand Comfort）的沙发椅和图 9-3 所示的柯布西耶躺椅是由法国多才多艺的大师勒·柯布西耶（Le Corbusier，1887～1965）设计的经典作品，柯布西耶是对当代生活影响最大的建筑师，是 20 世纪文艺复兴式的巨人，是毕生充满活力、永无休止地进行创造的设计大师，作品经典，强调功能理性主义。"豪华舒适"（Grand Comfort）的沙发椅典型地体现了他追求家具设计以人为本的倾向，以新材料、新结构来设计新的沙发椅。简化与暴露结构最直接体现了现代设计的做法，是一件使用非常方便的家具。"柯布西耶躺椅"是为居室室内设计的最休闲最放松的一件家具，它有极大的可调节度，这件躺椅上下分开的结构反映了当时流行的"纯净主义"的概念，反映出设计师所提倡的室内环境不应堆砌而应精练简洁的理念。

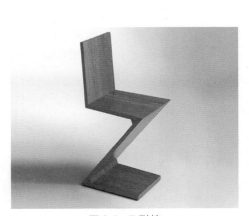

图 9-4　Z 形椅

图 9-5　帕米奥椅

点评：如图 9-4 所示的 Z 型椅是荷兰著名风格派设计师里特维尔德的设计作品，在构成要素方面该椅子在水平和垂直的元素之间引入斜线以解决构图元素间的冲突，成为不言而喻的家具设计中的一次革命。Z 形椅开发了现代家具设计的一个方向或一个类别，后代不少设计师不断在其设计理念的基础上进行新的"诠释"。

点评：如图 9-5 所示的"帕米奥椅"是芬兰设计师阿尔瓦·阿尔托设计的经典家具作品。该作品简洁、轻便又充满雕塑美，经典之处在于使用的材料全部是阿尔托研制的层压胶合板，在充分考虑功能、方便使用的前提下其整体造型非常优美。其成为最明显特征的圆弧形转折并非出于装饰，而完全是结构和使用功能的需要；靠背上部的三条开口也不是装饰，而是为使用者提供通气口，因为此处是人体与家具最直接接触的部位。

图 9-6　louis_ghost 椅

　　点评：如图 9-6 所示是菲利普·斯塔克设计的 louis_ghost 椅，又被叫做鬼椅或精灵椅，圆形背板搭配放射型光束般地向外延伸，好像将坐者包覆起来，极具视觉张力，家具以透明度高的亚克力为材质，应用于室内环境可以让空间时尚起来，也能凸显出主人的不凡品味，成为曝光率极高的时尚经典家具作品。

图 9-7　蛋椅

　　点评：如图 9-7 所示是由丹麦设计师纳·雅各布森设计的蛋椅。雅各布森的家具设计作品都是享誉国际的经典设计，蛋椅便是其中之一，蛋椅的外壳由玻璃纤维和聚氨酯泡沫体加固而成。椅子还有一个可调整的倾斜，可以根据不同用户的体重来调整。椅子底部由如丝缎般光滑的焊接钢管和一个四星形注模铝组成，可以用织布和皮质作装饰。这个家具作品从造型上进行突破，以卵为基础形态，成为丹麦家具设计的样本。

图 9-8　子宫椅

　　点评：如图 9-8 所示的子宫椅是由美国设计师埃罗·沙里宁（EeroSaarinen，1910 ~ 1961）设计的一款经典产品，这件作品挑战传统的家具概念，给人带来视觉上的强劲冲力，椅身包裹着柔软的羊绒布，坐在上面有一种被椅子轻轻拥抱的感觉，提供全面的舒适性和安全感，像在母亲的子宫中一样。设计师富有独创性，观念大胆，造型体块运用明显，具有雕塑美，其设计被公认为 20 世纪中期现代主义作品。

图 9-9　卡路赛利椅　　　　　　　　　　　　　图 9-10　天鹅椅

　　点评：如图 9-9 所示的卡路赛利椅是由约里奥·库卡波罗（Yrjo Kukkapuro）设计的一款高档家具产品。卡路赛利椅的高档价值主要在于它完美地符合人体的坐"兜"，当然它的高档价值也在于约里奥·库卡波罗设计师对椅子工艺上的研究使家具在制作上具备了玻璃钢和金属不锈钢的完美质感，这也就是高档家具的工艺性。

　　点评：如图 9-10 所示的天鹅椅是由纳·雅各布森设计的，天鹅椅的造型形象生动，宛如一只正在湖面上优雅游动的天鹅，故得名天鹅椅。椅子线条流畅而优美，具有雕塑般的美感，作为一款现代家具设计中经久不衰的经典作品，其优雅的造型和简约的设计一直为追求时尚的人们所独钟，是最有代表性的北欧设计，也是世界艺术的珍品。

图 9-11　牛角椅

点评：如图 9-11 所示的牛角椅代表了斯堪的纳维亚地区的家具设计特点，同时融合了中国文化，靠背的榫卯结构给设计带来了一些花样，形式上有圈椅以来的影子，但是骨子里已偏向动物主题的设计，外向张扬，除了将丹麦的现代主义设计推向全世界，也将中国的明椅进化到新的一层。

图 9-12　酋长椅

点评：图 9-12 展示的是芬恩·尤尔（Finn Juhl）设计的一款酋长椅，是其最著名的作品，于 1949 年设计，有非常高贵的感觉，像酋长使用的宝座。扶手和椅腿的交接处理是其特色，并且体现了超凡的木工技艺，极具特点。

图 9-13　Y 椅子

　　点评：如图 9-13 所示的这把 Y 椅子代表了典型的斯堪的纳维亚地区的设计风格，应用中国传统古典家具的设计元素、雕塑般的构件造型、材料的精心选用及搭配组合、突出简洁的线条、应用榫卯结构，形成了西方家具中的中国特色。

图 9-14　球椅

　　点评：如图 9-14 所示是由芬兰设计师阿尼奥设计的球椅，用最简单的几何形状球形设计而成，从圆形的球状体中挖出一部分或使它变平可以形成一个独立的单元座椅，甚至形成一个围合空间，这种设计带来了绝妙的结果———一个完全颠覆传统的椅子形态的经典作品，"球椅"成为一种时代的象征。

图 9-15　郁金香餐桌

点评：如图 9-15 所示是由美国设计师埃罗·沙里宁设计的郁金香椅子，该椅子的造型设计把有机形式和现代功能结合起来，造型简洁，成为 20 世纪 50 年代至 60 年代杰出的桌类家具作品。

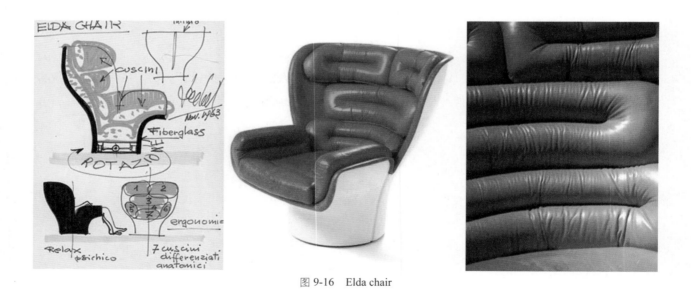

图 9-16　Elda chair

点评：如图 9-16 所示是由意大利设计师科伦波设计的 Elda chair，设计在当时非常突破，第一张较大的座椅用上了玻璃纤维这种创新的物料，座垫和扶手的设计构成独特的形状与线条，使家具"活跃"起来。

图 9-17 卡尔顿（Carlton）书架

点评：如图 9-17 所示是由意大利设计家艾托尔·索扎斯（Ettore Sottsass）设计的"卡尔顿书架"，融入了现代主义风格，正是由于书架造型感觉较古怪、色彩艳丽，因而说它开创了无视一切模式和突破所有清规戒律的开放性设计思想，扩展了人们的视野，给人以新的启迪，成为经典之作。

9.2 国外现代设计师作品

图 9-18 Sister Chair

点评：如图 9-18 所示是由设计师 Massimo Imparato 和 Enzo Carbone 设计的 Sister Chair，这款椅子通过压力折弯和激光切割平板以铝合金为材料制造而成，是对自 20 世纪 40 年代以来流行的壳形椅套的仿效，多层次和多隔板的采用产生了弯曲接合板的三维外形，是实用的现代意大利椅子设计，突出体现住宅内部家具的设计概念。

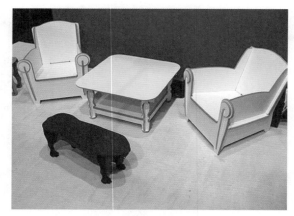

图 9-19　Ibride 家具

点评：如图 9-19 所示展现的是 Ibride 家具，Ibride 是法国的 Rachel Convers（平面设计师）和 Benoit Convers（工业设计师）创建的，系列中每件产品的外形都各不相同，但理念上却完美统一，运用面的造型构成原则，产品形式感强。

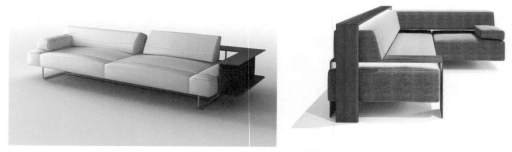

图 9-20　马特奥涅阿缇沙发

点评：如图 9-20 所示是由马特奥涅阿缇（Matteo Nunziati）设计的沙发，该家具作品凸显出体块的分割关系，设计中洋溢着意大利风格的活力。马特奥涅阿缇是意大利著名的家具设计师，在米兰拥有自己的工作室，以自由设计师的身份从事室内建筑方面的工作，并在家具、灯饰等领域与意大利顶级品牌公司合作。

图 9-21　六角堆叠咖啡桌

点评：如图 9-21 所示是由日本设计师 Tomoko Azumi 设计的六角堆叠咖啡桌，经典的平面构成元素上进行面的分割关系和恰当地运用几何中面的构成成为新的经典作品。

图 9-22　"UP"系列沙发

点评：如图 9-22 所示是"UP"系列沙发，由意大利杰出的设计大师盖当诺·佩西（Gaetano pese 1939-）设计。沙发椅造型丰满，带有柔和的曲线和对女性人体美的欣赏的审美趣味，成为一种特别流行的、柔软的人性化家具设计。

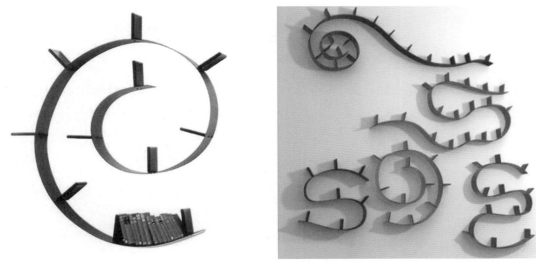

图 9-23　bookworm 书架

点评：如图 9-23 所示是由罗恩·阿拉德设计的经典 bookworm 书架，作品利用软质的不锈钢材塑造出有机形体，宛如雕塑般的家具呈现与一般家具截然不同的风格，受到家具行业的广泛关注。

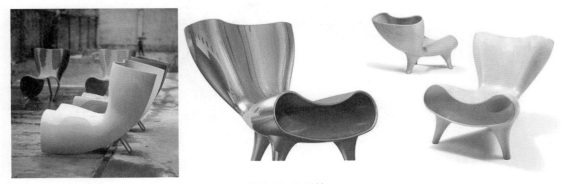

图 9-24　Fell 椅

点评：如图 9-24 所示是由马克·纽森设计的 Fell 椅，马克纽森的设计将材料与科技发展融为一体，并形成他独特而富有创意的设计风格，设计架起了流行文化与大众文化和高雅艺术之间的桥梁。

图 9-25　蜘蛛椅

　　点评：如图 9-25 所示是由路易斯·坎贝尔设计的蜘蛛椅，座椅整体造型运用仿生手法，体现了线条造型元素在家具设计中的应用，作品为人与自然环境的契合找到了好的办法。

图 9-26　enignum 椅

　　点评：如图 9-26 所示是由爱尔兰设计师 joseph walsh 设计的 enignum 椅，作品将艺术和手工艺结合，每件作品的形态都是用原木雕琢加工而成，自由的形态组合来自于木材本身的特质，自由形态元素的重组使其成为一个具有功能性的家具产品。

图 9-27　约里奥·库卡波罗皮沙发

点评：如图 9-27 所示的皮沙发是由芬兰设计师约里奥·库卡波罗设计的家具作品，该作品时尚、前卫，运用简洁明快的线条塑造出个性的家具产品，使家具时装化。库卡波罗的设计风格是简洁、现代。

图 9-28　Marbelous 创意餐桌

点评：如图 9-28 所示是由荷兰设计师 Nathan Wierink 和 Tineke Beunders 设计的创意餐桌，木桌布满了轨道，滚珠可以一路旅行到地板，餐桌的设计将家具与娱乐联想在一起，创意奇妙。

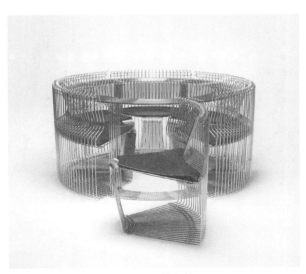

图 9-29　线条椅

点评：如图 9-29 所示是由丹麦设计师维奈·潘顿设计的线条椅，椅身由线条元素构成，显现出曲直线条搭配的柔美感觉，材料的运用展现了挺拔坚固的特性，座椅中几何造型新形态的应用使作品带有梦幻空间的造型感觉。

图 9-30　科西嘉椅

点评：如图 9-30 所示的木质的雕塑被称为"科西嘉椅"，科西嘉椅是由英国设计师 Ian Spencer 和 Cairn Young 共同完成的，将有机形态融合设计，椅子造型独特，它只有一条腿，这一条腿其实是很多条腿合在一起形成的，它们互相联系，形成流畅的整体。

图 9-31　La Pagnottina Chair

点评：如图 9-31 所示，La Pagnottina Chair 是意大利设计师盖特诺·佩斯的设计作品，作品的造型和材质充满奇特的想法，很有艺术感。

图 9-32　Paper-wood 椅

点评：如图 9-32 所示，Paper-wood 椅是日本 drill design 的设计作品，采用木质单板和可循环利用的纸张制成，作品适合各种身高的人群，椅子本身可以自由拆卸，整体设计注重环保理念，符合现代设计的核心主题。

图 9-33　La Michetta 幻彩系列沙发

　　点评：如图 9-33 所示，La Michetta 幻彩系列沙发是一款模块化组合沙发，由长短不一、颜色各异的长方形沙发模块构成，可以根据喜好选择某些模块进行搭配组合，随意拼凑实现多功能的需求。设计造型中点的应用元素使用灵活，创造出自由变换的新鲜感和活泼感。

图 9-34　玫瑰椅

图 9-35　百合椅

　　点评：如图 9-34 所示的玫瑰椅和图 9-35 所示的百合椅是日本设计师梅田正德设计的家具产品。梅田正德的作品充满了日本传统文化与西方现代文明之间的碰撞和融合，经典作品是一系列以"花"为创作原型的家具。这两个设计作品犹如盛开的鲜花，运用西方的先进工艺表达日本文化中崇尚自然的精神。

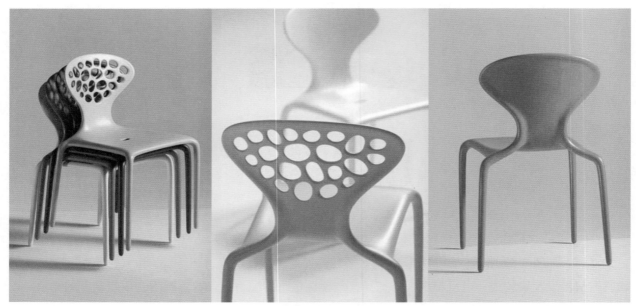

图 9-36　超自然椅

点评：如图 9-36 所示的超自然椅是由英国设计师 Ross Lovegrove 设计的，该椅子造型传承了有机性感的曲线，苗条、具有生命力，结合了人体解剖美学和先进制造技术，共有两个版本，其中穿孔的版本，当阳光照射过来的时候，光影效果增强了环境的空间美感。

9.3　课后思考与练习

9.3.1　思考题

1. 思考不同地域的家具设计各具有哪些方面的风格特点？
2. 思考国际家具设计的最新设计潮流。

9.3.2　练习题

1. 搜集有特点的现代家具设计作品，并进行作品分析。
2. 挑选自己喜欢的设计师，对其家具设计风格进行评析并记录下来。

4 实践部分

第 *10* 章 设计实训课题

10.1 课题一：瓦楞纸家具设计

10.1.1 相关作品实例

如图 10-1 所示是学生从不同的角度尝试用瓦楞纸板制作的结构牢固的座椅。

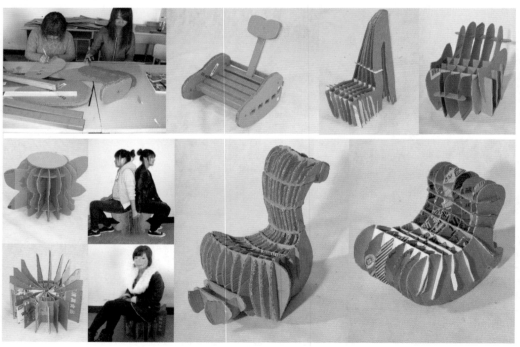

图 10-1 学生瓦楞纸板家具

10.1.2 课题要求与训练目标

1. 课题要求

应用瓦楞纸材料设计一款纸板家具，并制作实物模型。该家具可以满足人们的休息、储物等生活需求。

家具必须具备承重性。如果是坐具，必须能够承受一人的重量；如果是储物功能的家具，则必须结构结实稳定、不坍塌。

两人为一组，合作完成课题。

2．训练目标

本课题限制学生使用制作材料，锻炼学生通过形态和结构设计解决其承重等需求的能力，增强学生通过思考解决问题的能力。

10.1.3　课题分析

本课题使用环保材料——瓦楞纸制作，此立题符合现在的环保设计趋势，目前很多设计大师都尝试使用纸板制作家具。

材料的限制能够考查学生对制作家具的材料和结构的理解与掌握情况，模型的实际制作能考查学生实际操作和设计制作的能力。

设计过程中，学生要通过动手实验来逐渐改进设计，切忌"纸上谈兵"，因为最终模型要具备承重性。

10.1.4　设计制作过程

整个设计过程共三周时间。

第 1 周：收集资料，构思草图。

第 2 周：购买材料，制作模型并反复试验。

第 3 周：整理与修改模型，书写设计说明、拍照、图片排版。

10.1.5　设计外延

瓦楞纸板家具的设计形式是丰富多样的，我们的思路还可以更加开阔。如图 10-2 所示，这些也是我们常常利用瓦楞纸板来进行设计的作品，在第一个作品中，我们可以把瓦楞纸堆叠起来，以起到承重的目的；在第二个和第三个作品中，我们可以从"包裹"的思路打开，瓦楞纸板家具可以像手拎包或者一个平板盒子一样打包携带等。

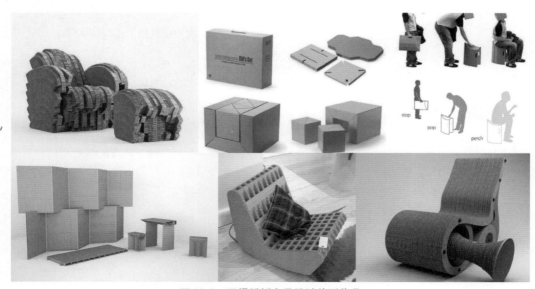

图 10-2　瓦楞纸板家具设计外延作品

10.2　课题二：以"坐"为题的家具设计

10.2.1　相关作品实例

1. 可变形态坐具设计

　　如图 10-3 所示是学生设计的可变形态桌椅，通过结构的穿插可以组合成茶几、凳，或是两把椅子。如图 10-4 所示是座椅的组合变化过程，如图 10-5 所示是座椅模型的制作过程。

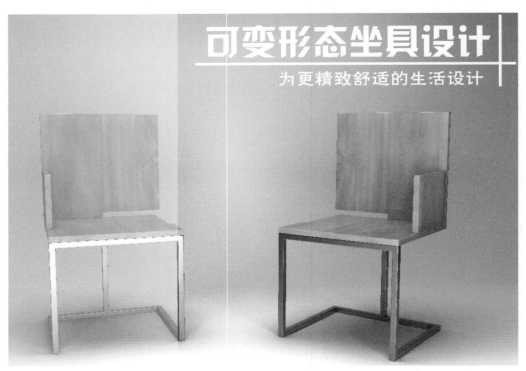

图 10-3　可变形态坐具效果图

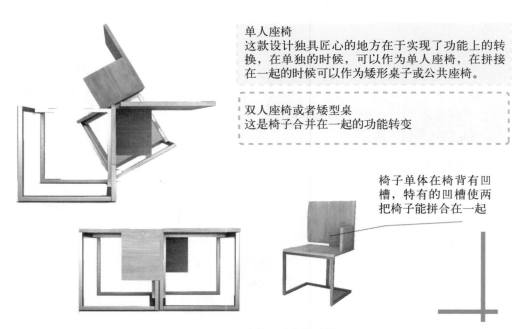

单人座椅
这款设计独具匠心的地方在于实现了功能上的转换，在单独的时候，可以作为单人座椅，在拼接在一起的时候可以作为矮形桌子或公共座椅。

双人座椅或者矮型桌
这是椅子合并在一起的功能转变

椅子单体在椅背有凹槽，特有的凹槽使两把椅子能拼合在一起

图 10-4　座椅组合变化过程

图 10-5 座椅模型制作过程

2．仿生坐具设计

如图 10-6 所示是座椅尝试不同材质制作的效果图。

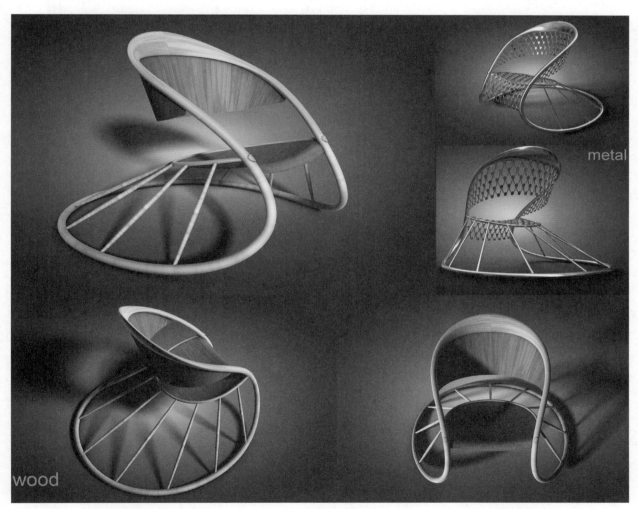

图 10-6 仿生坐具效果图

3．box chair 设计

如图 10-7 所示，灵感来源于纸壳盒子，材料采用高密度板，淡雅的色彩很容易溶于家居环境中。

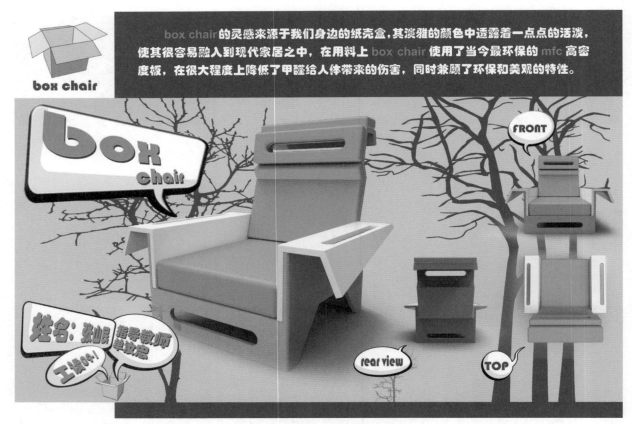

图 10-7　box chair 效果图

10.2.2　课题要求与训练目标

1．课题要求

设计并制作满足"坐"的功能的家具，然后根据构思为这件家具命名。

以 3 人为一组，共同完成设计课题，并制作实物模型。

2．训练目标

本课题，没有限制设计的内容，给学生足够的创意空间，通过选题和选择制作材料能锻炼学生的创意能力和对材料与结构的理解和应用能力。

10.2.3　课题分析

本课题设计的范围具有广泛性：

* 坐具包括椅子、凳子、沙发等一切可以为人体提供依靠和休息的家具。
* 使用地点广泛，如教室、居家、办公室，甚至是外出郊游、公共空间等环境。
* 使用对象广泛：为自己或者他人，为一个人使用或者几个人共同使用均可。
* 使用方式广泛：落地的、移动的，甚至可以是悬挂的，我们可以尽情发挥创造力。

10.2.4　设计制作过程

本课题共四周时间。

第 1 周：市场调研，搜集整理资料并绘制草图。

第 2 周：选定方案，制作效果图和三视图。

第 3 周：购买材料，制作模型。

第 4 周：完成和整理模型，产品摄影，完成后期文本。

10.2.5 设计外延

以"坐"为题的设计作品形式可以是多种多样的，我们再来一起看几个优秀的设计作品。如图 10-8 所示，第一个作品设计时考虑两种"坐"的方式：端坐和仰卧，形态设计上完全符合人体工学，柔软的布料让人感觉很舒适；第二个作品从材料的特性上出发，很有弹性的金属，让人感觉更加舒适；第四个作品则从椅子的便于收藏角度考虑；第五个作品是一种逆向思维，它拥有多条蹬腿，人们可以从多个角度去坐、去使用等，我们的设计思路可以依此无限延伸下去。

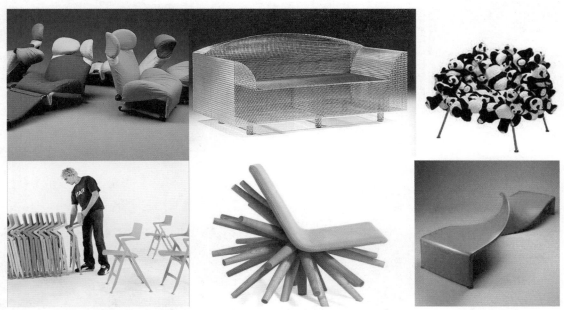

图 10-8 以"坐"为题的家具设计外延作品

10.3 课题三：休闲空间家具设计

10.3.1 相关作品实例

1. 休闲茶座

如图 10-9 所示为休闲茶座使用情景效果图展示，如图 10-10 所示展示了休闲茶座的制作过程。

本设计考虑了坐的舒适性，座椅可以盘腿而坐，让人很放松。同时，茶几可以有多种色彩搭配方案，给使用者自由组合设计的空间，如图 10-11 所示。

茶几的一个个小隔断可以存放很多小物件，很实用。

图 10-9　休闲茶座实用情景展示

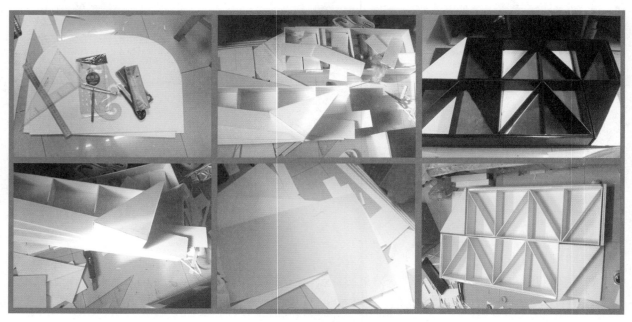

图 10-10　模型制作过程

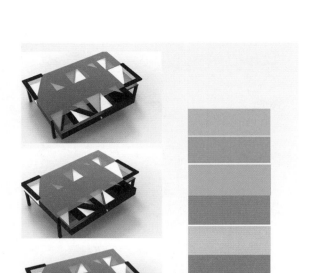

图 10-11 色彩搭配方案

2．客厅空间休闲家具设计

如图 10-12 所示为使用情景展示效果图，如图 10-13 所示为手绘设计草图和设计细节图展示。

图 10-12 使用情景展示效果图

10.3.2 课题要求与训练目标

1．课题要求

设计一款或者一系列在室内环境内使用的休闲功能家具，并制作 1:3 实物模型。

以 3 人为一组，共同完成课题设计。

2．训练目标

设计时，学生需要考虑周围环境的功能需要，并且要考虑到人的基本活动尺度等要素，学生通过对这些问题的解决能锻炼造型和协调周围环境的设计能力，考查学生对家具、人及尺度的掌握情况。

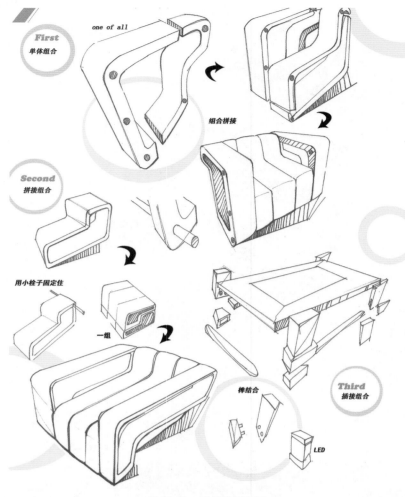

图 10-13　手绘设计草图

10.3.3　课题分析

本课题限制为室内休息空间使用的家具，家具就成为环境中功能的主要构成因素和氛围表现者。在一个特定的环境中，家具的设置必要，并且要考虑到人的基本活动尺度。

本课题限制为室内休闲空间，那么使用的环境我们可以选择居家的客厅、茶厅的一角、公共空间内的休闲空间等。

家具的造型和色彩设计必须符合周围环境，家具的系列性必须考虑家具的配套性，以及它们在外形、色彩、材料、构思方面的内在联系。

10.3.4　设计制作过程

本课题共需要四周时间。

第 1 周：设计对象分析，查找和整理资料并构思草图。

第 2 周：方案讨论，确定方案，绘制三视图和效果图。

第 3 周：购买材料，制作与修改模型。

第 4 周：完成和整理模型，产品摄影，完成后期文本制作。

10.3.5　设计外延

设计休闲类家具时，我们如何进一步打开思路呢？如图 10-14 所示，首先可以从家具和室内环境的衔接联系上寻找思路，比如第一个作品在造型、色彩、材质上用曲面的造型将家具和室内空间联系起来，是很有新意的设计；可以从简洁的结构设计上着手，比如作品二；或者是加入一些现代高科技技术，比如作品三；作品类别上可以选择休闲类家具中的一种进行设计，比如这个六角可叠摞的咖啡桌等。

图 10-14　休闲家具设计外延作品

10.4　课题四：实木家具设计

10.4.1　相关作品实例

1．实木家具模型制作

如图 10-15 所示为学生实木家具设计作品的组合摄影，如图 10-16 所示为实木家具缩小比例模型的单组效果图。

2．伸缩式座椅设计

如图 10-17 所示，本作品的设计灵感来源于手风琴，座椅采用实木材质，衔接方式为五金件中的折页等，座椅的可伸缩式结构可以自由放大座面宽度。使用时，可将其放置于公共空间中，供多人同时使用，也可收缩后供单人使用，学生充分利用了家具衔接结构的特点，使得其在使用功能上有很大的创新点，是一个较有趣的实木家具设计作业。

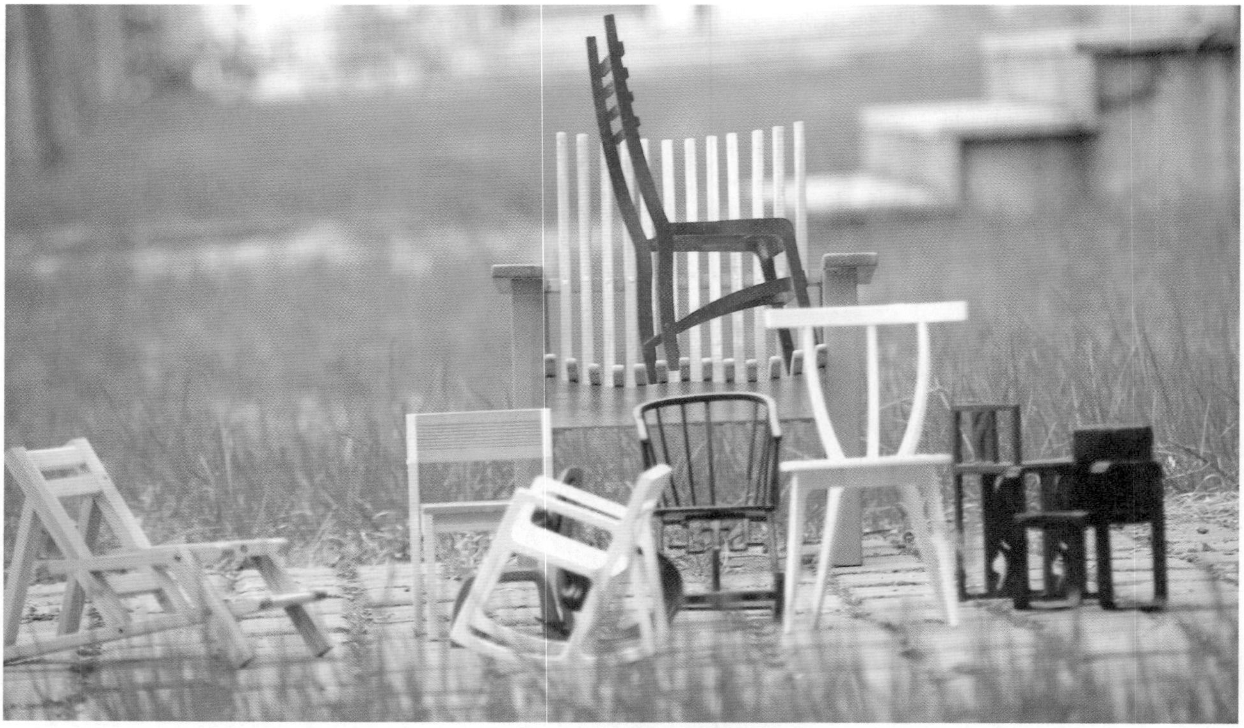

图 10-15　实木家具模型组合摄影

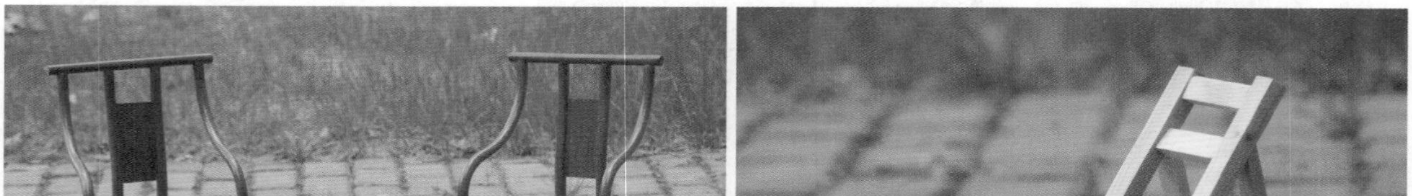

图 10-16　实木家具缩小比例模型的单组效果图

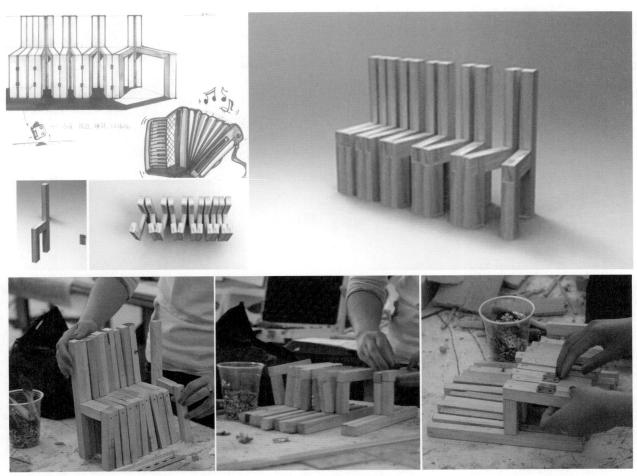

图 10-17　伸缩式座椅

10.4.2　课题要求与训练目标

1. 课题要求

利用一种或者多种实木材料设计并制作一款家具，设计要从功能、形态、结构上有创新点，同时风格上要具有现代感。

采用实木材料，制作 1:3 等比例实木模型。

两人一组，共同完成课题。

2. 训练目标

本课题限制使用实木材料，是对学生对家具材料和实木结构部分知识的掌握及实践应用能力的考查。在限制材料的基础上设计家具并要求有创新，锻炼了学生的创新能力，有限制的设计条件增强了课题的难度，是对学生应对不同设计任务和解决实际问题能力的考验。

10.4.3　课题分析

首先是设计一款实木家具，要考虑设计一款什么类型的家具，考虑家具使用的人群和使用的地点等，如是给老人等特殊人群，还是普通的人群；是在公共空间使用，还是家居环境使用等。

其次要开始考虑材料和结构，也就是设计的想法如何实现的问题。如实木家具的种类包括板材、方材、曲木等；实木家具的衔接结构有榫接法、连接件连接等。设计时要将这些因素巧妙地结合、应用，或者有更新的方法。

最后要考虑实木家具模型的制作工艺。

10.4.4 设计制作过程

本课题共需要四周时间。

第1周：设计对象分析，查找和整理资料并构思草图。

第2周：方案讨论，确定方案，绘制三视图和效果图。

第3周：购买材料，制作与修改模型。

第4周：完成和整理模型，产品摄影，完成后期文本制作。

10.4.5 设计外延

设计实木家具时，除了以上提供的范例，还可以从其他角度进一步打开思路。如图10-18所示，质朴的实木家具同样可以拥有美观的造型，比如第一个作品，该座椅形态上模仿花的造型，形态风格上显得很优雅；可以从功能设计上着手，比如作品二，一个座椅通过组合可以变成茶几，变成地柜和书柜；或者是利用材料的特性，多种实木材料组合，比如作品三；也可以从材料工艺上着手，创造出新的木质家具造型，比如作品四、作品五等。

图 10-18　实木家具设计外延作品

10.5　课题五：儿童家具设计

10.5.1　相关作品实例

1．儿童床设计

如图 10-19 所示为幼儿园的儿童床设计，可以折叠，以节省空间，造型模仿贝壳的形态，色彩考虑儿童的喜好，采用对比色搭配。如图 10-20 所示为设计制作过程。

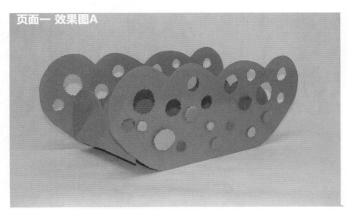

图 10-19　儿童床设计

图 10-20　制作过程与模型摄影

2．橙色座椅设计

如图 10-21 所示是由匈牙利 Lvett Anitics 设计的十分简洁、实用的单元式组合家具，多种组合方式给使用者带来使用时的趣味性，并且各种组合方式也带来了功能上的多种使用方式，鲜艳的而且具有亲和力的色彩适合儿童的喜好，同时柔软的材质更安全，使家长不用担心孩子在使用时会发生危险。

10.5.2　课题要求与训练目标

1．课题要求

设计一款专门为儿童使用的家具，要求从儿童的视角出发，在充分考虑儿童的生理与心理的需求的基础上寻求新的创意点。

设计要求保留所有设计环节中的草图，并展示出设计灵感的推导过程。

2．训练目标

这个练习是为身高、心理方面都具有特殊性的群体——儿童（4～6岁）来设计家具，要求学生在考虑家具外形的同时更要能够应用人体工程学的知识。好的儿童家具应该是使用方便、安全、舒适的，并且家具要被儿童所喜爱，成为孩子的"朋友"。

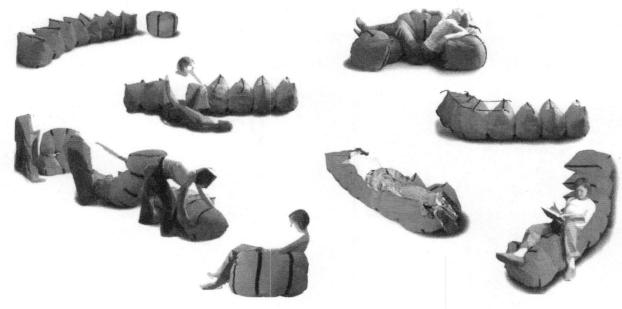

图 10-21　橙色座椅设计

10.5.3　课题分析

（1）要考虑儿童的需求，包括坐、睡，或者是游戏、学习等需求的可能性，及其产生的家具，学生要充分发挥自己的想象。

（2）儿童喜好的考虑。设计要考虑儿童的心理需求，包括色彩、造型、风格、材料等方面。如儿童多喜欢具象、可爱的造型和鲜艳的色彩等，这些信息的获得要求学生要多做市场调查与分析。

（3）安全性的考虑。材料上的安全性，如材料是否会散发有毒气味等；结构和功能上的安全性，对于年龄偏小的孩子，家具要防止倾倒，家具应避免硬的尖的形状等因素，以确保儿童使用时的安全。

（4）使用地点的考虑。设计要考虑家具是在幼儿园使用还是在家庭使用；在户外使用还是在室内使用；多人使用还是单人使用等。

（5）趣味性的考虑。使用时的趣味感和造型上的趣味性是儿童家具设计考虑的重要因素。

10.5.4　设计制作过程

本课题共需要五周时间。

第 1 周：设计对象分析，查找和整理资料并构思草图。

第 2 周：方案讨论，确定方案，绘制三视图和效果图。

第 3 周：制作模型。

第 4 周：完成模型。

第 5 周：设计过程的整理与完成，模型摄影，完成后期文本制作。

10.5.5　设计外延

儿童家具设计，我们可以进一步扩展思路。如图 10-22 所示，可以从形态上和安全上考虑，让造型的设计更加可爱，如作品一；可以增加家具的趣味性，如作品二，墙柜像爆竹一样爆炸成小块；或者通过结构设计增加家具的使用功能，如作品三和作品四，作品四中，通过结构的组合，孩子的床可以在单人床和双人床之间转换；或者作品可以既是家具又是孩子的玩具，如作品五，既是一个小型的篮球架，又可以成为一个篮球架似的椅子，非常有趣。

图 10-22　儿童家具设计外延作品

参考文献

[1] 朱丹，郭玉良．家具设计．北京：中国电力出版社，2008．

[2] 孙详明，史意勤．家具创意设计．北京：化学工业出版社，2010．

[3] 刘怀敏．人机工程应用与实训．上海：东方出版社，2008．

[4] 江湘芸等．产品模型制作．北京：北京理工大学出版社，2011．

[5] 时涛，胡恒毅．家具品鉴．北京：中国纺织出版社，2010．

[6] 张力．室内家具设计．北京：中国传媒大学出版社，2010．

[7] 胡名芙．世界经典家具设计．长沙：湖南大学出版社，2009．

[8] 胡景初，方海，彭亮．世界现代家具发展史（上、中、下篇）．北京：中央编译出版社，2008．

[9] 梁启凡．家具设计学．北京：中国轻工业出版社，2000．

[10] 江湘芸．设计材料及加工工艺．北京：北京理工大学出版社，2003．

[11] 徐望霓．家具设计基础．上海：上海人民美术出版社，2008．

[12] 李军，熊先青．木质家具制造学．北京：中国轻工业出版社，2011．

[13] 尹定邦．设计学概论．长沙：湖南科学技术出版社，2009．

[14] 唐立华，刘文金，邹伟华．家具设计．长沙：湖南大学出版社，2007．

[15] http://www.patent-cn.com 专利之家．

[16] http://www.arting365.com 中国艺术设计联盟．

[17] http://www.dolcn.com 设计在线．